U0185760

谨以此书纪念

中国科学院古脊椎动物与古人类研究所九十华诞

祝愿

中国古脊椎动物学和古人类学事业永葆青春、繁荣昌盛

科学技术部基础性工作专项（2013FY113000）资助

恐龙之前的世界

两亿年前中国北方的陆生四足动物

李锦玲 ◎ 著

科学出版社
北京

内 容 简 介

本书是介绍两亿年前陆生四足动物的科学普及读物，也是第一本专门记述中国二叠纪、三叠纪陆生四足类研究成果的著作。书中用通俗的语言，系统而全面地记述了中国北方这一时期的化石分布，各门类化石的主要特征和系统发育关系，不同地史时期的动物组合，以及中国二叠纪、三叠纪陆生四足类的研究历史。书中配有大量精美的化石照片和科学性、艺术性俱佳的生态复原图。

本书适合古生物学和地学工作者、博物馆工作者、中学和大专院校师生以及广大化石爱好者阅读。

审图号：GS（2019）4435 号

图书在版编目（CIP）数据

恐龙之前的世界：两亿年前中国北方的陆生四足动物 / 李锦玲著. — 北京：科学出版社，2020.8

ISBN 978-7-03-065728-2

Ⅰ.①恐… Ⅱ.①李… Ⅲ.①古动物学－研究－中国 Ⅳ.①Q915

中国版本图书馆CIP数据核字（2020）第132784号

责任编辑：孟美岑 / 责任校对：张小霞
责任印制：肖 兴 / 装帧设计：北京美光设计制版有限公司

科学出版社 出版
北京东黄城根北街16号
邮政编码：100717
http://www.sciencep.com

北京华联印刷有限公司 印刷

科学出版社发行 各地新华书店经销

*

2020 年 8 月第 一 版 开本：889 × 1194 1/12
2020 年 8 月第一次印刷 印张：11
字数：200 000

定价：268.00 元

（如有印装质量问题，我社负责调换）

前　言

在科学知识普及的今天，恐龙[①]作为古生物化石中的明星为广大民众所熟知。人们津津乐道于恐龙种类和数量的繁多、形态的奇特、分布的广泛，以及它们突然从地球上消失的原因。一些热爱古生物的“龙粉”们还往往能将许多恐龙的名称、种类、食性及生存环境等娓娓道来，如数家珍。但恐龙只是脊椎动物进化过程中的一个壮丽场景。在它失去踪迹之后，取而代之的是缤纷的鸟类、少量的其他爬行类和形形色色的哺乳动物。这些动物延续至今，与人类共同生存于这个星球之上，它们同样为人们所熟知。对比来看，在恐龙诞生之前的一段时间内（二叠纪和三叠纪）的两栖类和爬行类（统称为低等四足动物）就显得默默无闻，很少引起人们的关注。

二叠纪和三叠纪（3亿～2亿年前）是脊椎动物进化的一个非常重要的时期。繁盛于古生代的两栖动物在这一时期走向衰落，而刚刚产生不久的羊膜类（包括爬行类和下孔类）则日趋发展壮大，它们的足迹很快就遍布全球各大陆。在这一时期，羊膜类的数量和种类虽然比不上后来的恐龙时代，但动物群的生物多样性同样令人惊叹。在没有现生代表的副爬行类中，既有身体娇小灵巧，能以双足行走的成员；又有体型粗壮四肢短粗，却以柔软植物为食的代表。在有现生代表的真爬行类中，既有上下颌具多列牙齿的齿板，以坚韧纤维植物为食的成员；也有形形色色具匕首状牙齿，凶猛的肉食者；还有口中完全没有牙齿，头后具高耸背帆的奇特种类。在下孔类中，既有繁盛于早期但在中二叠世末期突然消失，包括植食性和肉食性动物的门类；也有具角质喙和两个微弯柱状的长牙，成功地度过二叠纪末生物灭绝事件，一直生存至三叠纪末的类群；还有颧弓扩展，下颌冠状突增大，双枕髁，向哺乳动物方向发展的进步门类。这些千奇百怪动物的遗体形成化石，引导着我们去认识地球的这段历史。在恐龙尚未诞生时，它们才是地球的主宰——在陆地上漫步，去河边饮水，在泥土中掘洞，彼此间争斗等等，同样上演着生存竞争的精彩画面。

---

① 传统上认为恐龙在6500万年前绝灭了。20世纪末开始，我国一系列化石的新发现表明恐龙没有绝灭，鸟类是从恐龙演化来的。本书指的恐龙是狭义的、生活在6500万年前的非鸟类恐龙。

中国北方幅员辽阔，从新疆的准噶尔盆地和吐鲁番盆地，向东经甘肃的河西走廊，到鄂尔多斯盆地周边的陕西、山西、内蒙古和河南等地，都产出丰富的中二叠世—中三叠世四足类化石。中国是这一时期四足动物化石的第三大产地，仅次于南非和俄罗斯。中国的化石数量多、种类齐全，可组成较为完整的含化石地层序列。它们为这些原始四足类各分支的起源和系统发育、生存环境和传播路线等方面的研究，提供了充足的化石依据。

编写本书的初衷是把这些生存于两亿多年前的四足动物介绍给广大古生物爱好者。希望大家了解这一与恐龙时代既相似又不同的更为古老的动物世界。本书中，呈现在大家面前的各门类化石，是中国几代古生物工作者辛勤耕耘的成果。其中既有袁复礼教授参加西北考察团时（1927～1932年）采自新疆的前棱蜥类、二齿兽类和主龙类的化石，也有中华人民共和国成立后在山西发现的“假鳄类”（大多为现代意义上的主龙形类）和肯氏兽类化石，以及改革开放后采自甘肃、内蒙古、陕西和河南等地的阔齿龙类、恐头兽类、大鼻龙类、锯齿龙类和兽头类等。时光荏苒，自中国第一块二叠纪—三叠纪化石被发现，九十多年过去了。最初化石的发现者和研究者——袁复礼教授和杨钟健教授，已经远去。他们为中国在这一领域的工作打下了坚实的基础。使后辈们能以他们为榜样，沿着他们的足迹去进行野外地质工作，寻找和发掘化石，推动古生物研究事业不断地发展，达到新的高度。

笔者自1972年进入中国科学院古脊椎动物与古人类研究所从事二叠纪—三叠纪四足动物研究，受到前辈杨钟健院士和孙艾玲先生的悉心教导，谨以此书向他们致以诚挚的感谢。

本书涵盖了过去九十余年中国在二叠纪—三叠纪四足动物研究中所取得的主要成果。笔者在此向所有曾经参与化石采集、修理和研究的同仁们表示感谢。他们的名字无法一一提及，书中展示的每一块化石都是为他们杰出工作树立的丰碑。

呈现在大家面前的这本书是集体协作的成果。笔者在此对生态复原图的绘制者郭肖聪、李荣山和陈瑜，对复原图中植物化石资料的提供者郝守刚，对动物复原雕塑的制作者傅维安、D. Oppliger和王宇，对化石照片的拍摄者高伟和崔贵海，对野外照片的拍摄者王哲夫、刘俊和张绍光，对历史照片的提供者袁扬和任葆薏（及电子版修正者于小波），对图件后期处理者李飒和司红伟，以及审阅文稿并提出重要修改意见的吴肖春、刘俊和徐星，表示衷心的感谢。

目　录

两亿年前陆生四足动物在中国的分布

二叠纪—三叠纪陆生四足类化石主要分布于中国北方的广大地区，包括山西、陕西、河南、甘肃、内蒙古和新疆等省区。从分布图中可以看到，在新疆的准噶尔盆地、吐鲁番盆地和华北的鄂尔多斯盆地，化石点分布密集，产出丰富的多门类化石。图中只有两个产陆相化石的点位不在中国北方，它们是湖南桑植和湖北远安。与北方的陆相地层不同，桑植和远安的中三叠统为海陆交互相地层，在陆相夹层中产出身体结构独特，谜一样的芙蓉龙（见 45 页）。

从图中可以看到，三叠纪的海生爬行动物化石集中出现于南方：安徽、湖北、贵州、云南、广西和西藏等地。这种“南水北陆”的四足类分布格局是受到当时海陆分布和板块运动控制的。

今天人们已经普遍接受了大陆漂移和板块构造的理论。在 3 亿多年前的石炭纪，南方的冈瓦纳大陆与北方的劳亚大陆碰撞形成泛大陆，这为陆生四足动物的传播提供了有利的条件。与

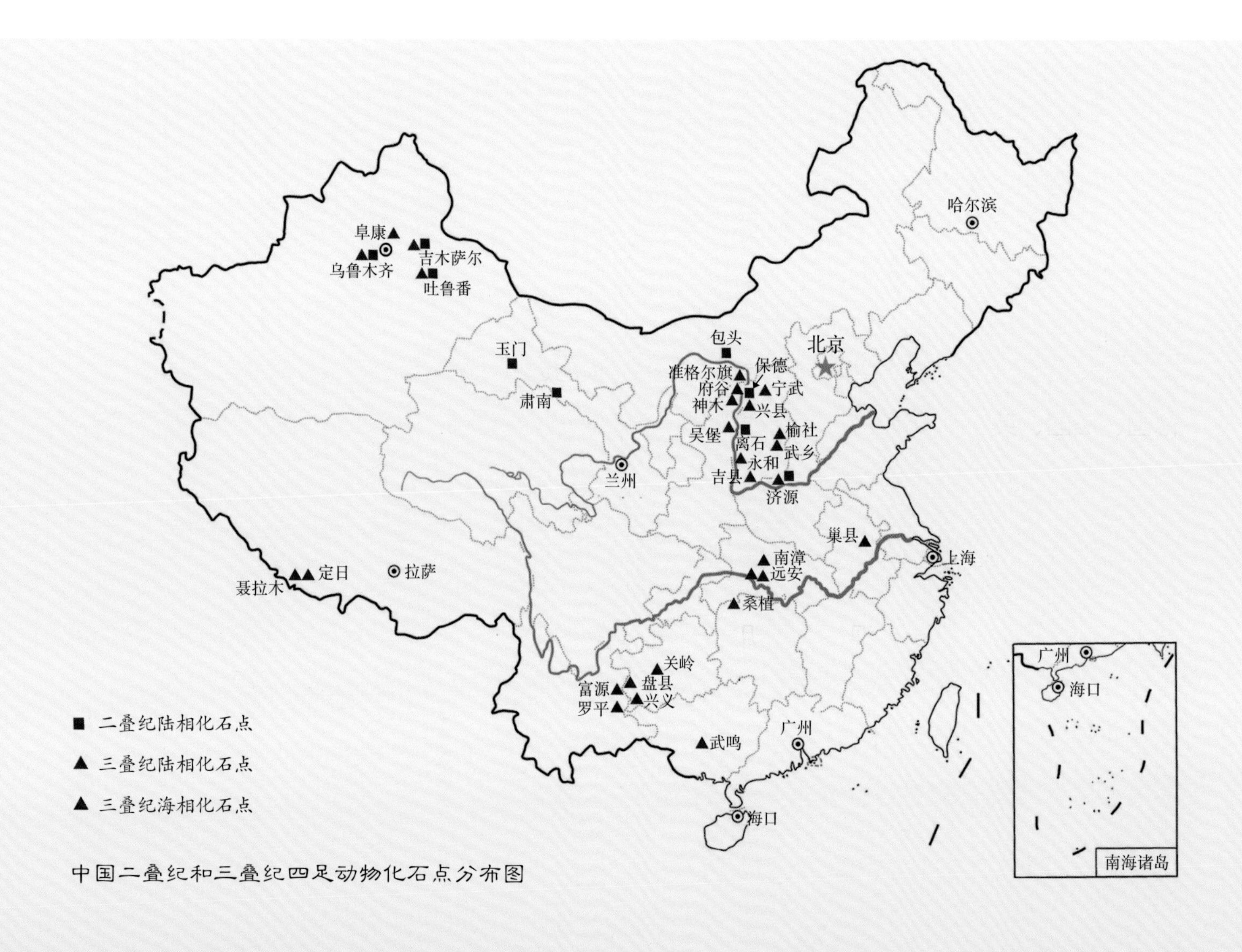

中国二叠纪和三叠纪四足动物化石点分布图

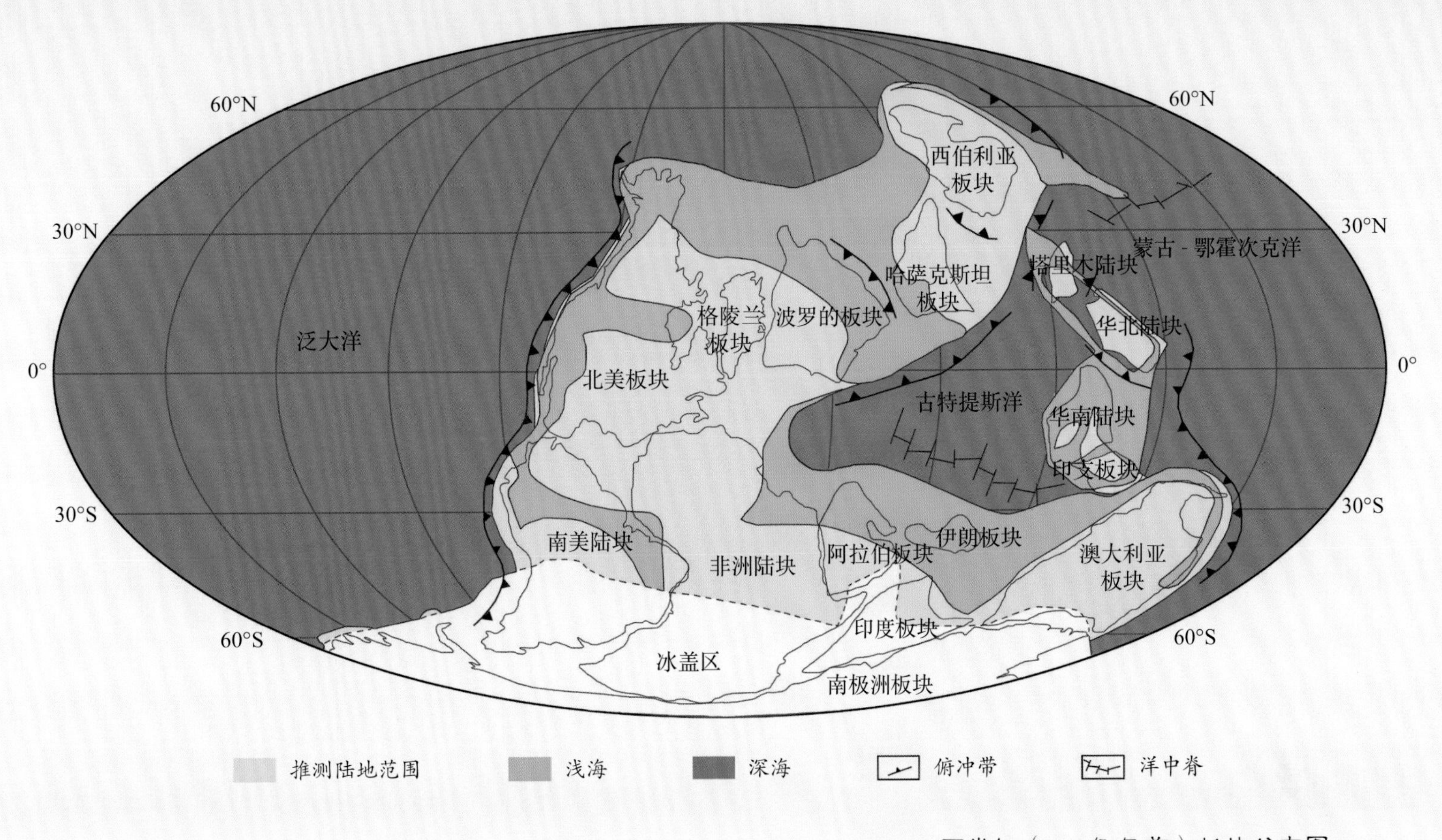

石炭纪（3.2 亿年前）板块分布图

依据李江海和姜洪福（2013）主编的《全球古板块再造、岩相古地理及古环境图集》中的原图修改

此相得益彰的是，地球上最早的羊膜类也在这一时期诞生了。最原始的下孔类和爬行类化石都发现于北美的上石炭统。羊膜卵的产生，使这些新生动物的个体生活史完全摆脱了对水体的依赖，能自由地生活在陆地上。此时的陆地表面地形多样、气候复杂，这些动物获得了辐射到不同环境中的机会。早二叠世是羊膜类第一次大规模的进化发展时期，它们的化石发现于美国、德国、法国、英国，甚至远至巴西和印度等地。

但中国一直没有发现早二叠世羊膜类的踪迹。中国最早的陆生四足类动物群发现于中二叠统，化石点位于甘肃玉门大山口。动物群的成员包括两栖类、下孔类、副爬行类和真爬行类的代表。非常有趣的是，这些动物的近亲大量地出现于同时代的南非始二齿兽组合带和俄罗斯 II 带中。大山口动物群的发现足以证明在 2.6 亿年前的中二叠世，塔里木 - 华北陆块与泛大陆已连在一起了。否则，这些门类不同、大小不同、习性不同的动物不可能从遥远的泛大陆同时传播至北祁连地区。与北方陆相地层不同，此时的南方仍为浅海沉积。三叠纪地层中蕴藏有丰富的鱼龙类、海龙类和鳍龙类的化石。

陆生四足动物的家谱

在下面的章节中具体介绍了29种古四足动物的化石，它们生存于3亿～2亿年前的中国北方大陆。其中有小型的身材灵巧的食虫类、体态笨重的植食者，也有具尖利牙齿凶猛的食肉动物。它们属于主要动物家族（两栖类、爬行类和下孔类）的不同分支，这些分支的大部分成员都没能逃过灭绝的命运，但各家族的主流却顽强生存，一直繁衍生息至今。

两栖类中的“石炭蜥类”在早三叠世灭绝了，离片椎类在早白垩世后也失去了踪迹，只有它的一个可能的分支演化成今天的滑体两栖类，使我们有可能在夏天的池塘边听到蛙鸣，在南方清澈的小溪中见到身体扁平的蝾螈。

爬行类中的基干主龙型类（属于真爬行类中的双孔类）以古鳄类、引鳄类和派克鳄类为代表，繁盛于晚二叠世至中三叠世。它们中的一些与现今世界上最为凶猛的爬行动物鳄类以及已灭绝的翼龙类和恐龙类有密切的亲缘关系。真爬行类还包括龟鳖类、喙头类和有鳞类（蜥蜴和蛇）。与真爬行类相对的副爬行类分支（包括波罗蜥类、前棱蜥类和锯齿龙类等）产生于二叠纪，在三叠纪结束前全军覆灭，没有留下后代。只有化石证明它们曾经在地球上出现过，也是两亿年前动物群中的重要成员。

现今最为繁盛的四足类当属哺乳动物，它们归属于下孔类。下孔类自晚石炭世产生后，迅速进入了地质历史上四足动物第一个繁荣发展的阶段。它们在二叠纪和三叠纪演化出一些重要的分支，如北美和西欧的盘龙类，南非、俄罗斯和中国的恐头兽类，全球分布的二齿兽类、兽头类和犬齿兽类。遗憾的是，这一波发展的高潮只延续了1亿年，在三叠纪结束前，除了犬齿兽类以外的门类都没能逃过灭绝的命运。也就是在这一时期（晚三叠世）从犬齿兽类中演化出了一个分支——原始的哺乳动物。其后的侏罗纪和白垩纪是恐龙的时代，与庞大的恐龙家族比起来，哺乳动物显得相对弱小，它们在恐龙的阴影下度过了1亿多年的时光，进入新生代以后才得以蓬勃发展。

简化的四足类系统发育

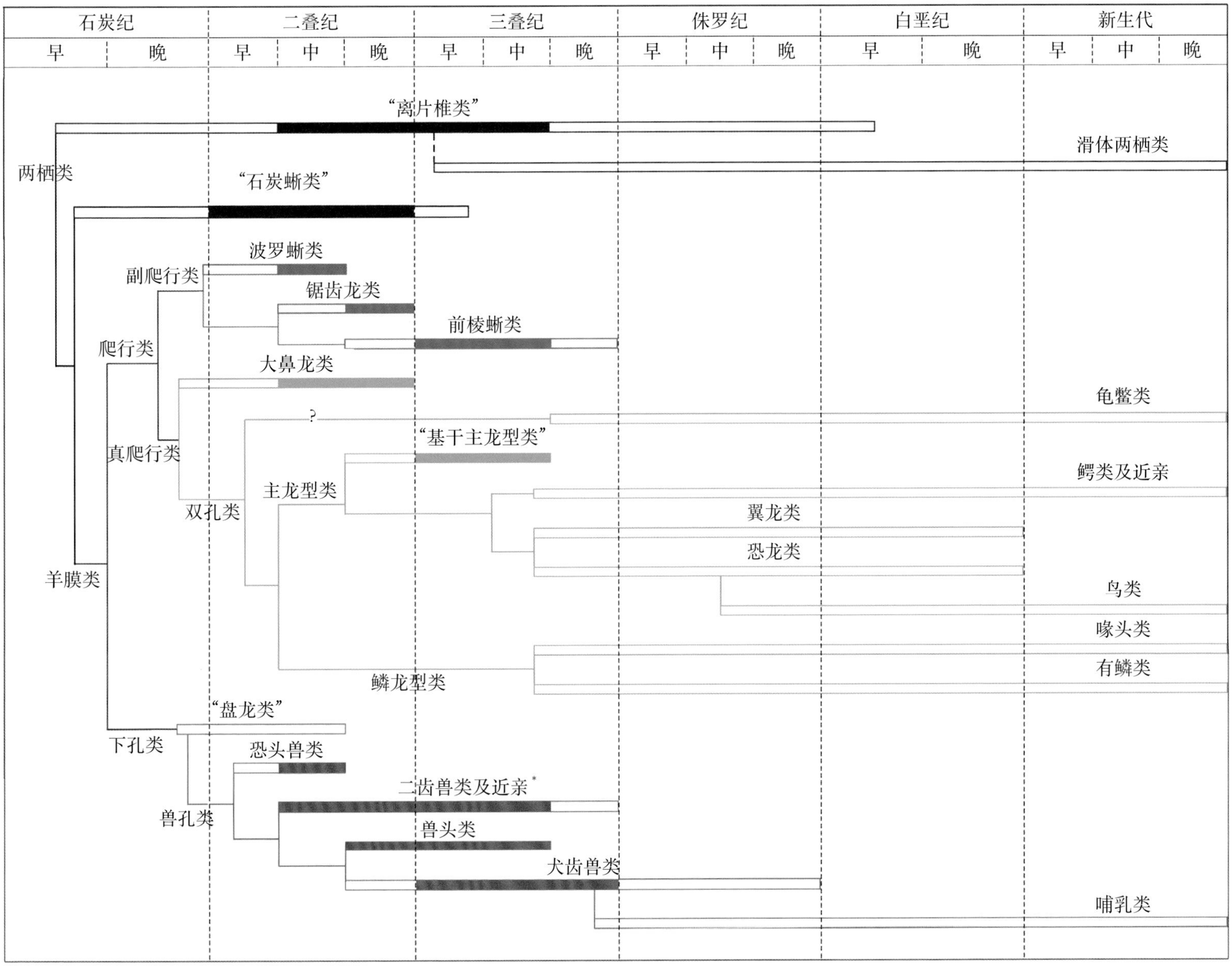

石炭纪		二叠纪			三叠纪			侏罗纪			白垩纪		新生代		
早	晚	早	中	晚	早	中	晚	早	中	晚	早	晚	早	中	晚

“离片椎类”
滑体两栖类
两栖类
“石炭蜥类”
波罗蜥类
副爬行类
锯齿龙类
前棱蜥类
爬行类
大鼻龙类
龟鳖类
?
“基干主龙型类”
真爬行类
鳄类及近亲
主龙型类
双孔类
翼龙类
恐龙类
羊膜类
鸟类
喙头类
有鳞类
鳞龙型类
“盘龙类”
下孔类
恐头兽类
二齿兽类及近亲*
兽孔类
兽头类
犬齿兽类
哺乳类

注：空心线段示该门类在地史上的存在时间；实心线段示在中国发现的二叠纪和三叠纪各门类化石；

* 中国并未发现严格意义的中二叠世的二齿兽类，中二叠世的线段代表比二齿兽更原始的双列齿兽

中国化石的分类记述

1. “两栖类”（“Amphibia”）

传统上两栖类一词用于所有的非羊膜类四足动物（non-amniotic tetrapods）。换成通俗的说法就是：两栖类是除爬行类、鸟类和哺乳类之外的所有四足类。它们中不仅包括现生的滑体两栖类（Lissamphibia）及与其密切相关的化石类群，还包括一些与之形态差异较大的古生代和中生代的四足动物，如鱼石螈类（Ichthyostegalia）、离片椎类（Temnospondyli）和“石炭蜥类”（“Anthracosauria”）等。其中后两类正是本书所涉及的内容。从鱼类进化而来的两栖类最早产生于泥盆纪，繁盛于石炭纪和二叠纪，而最早的滑体两栖类出现于三叠纪，那时已进入了爬行动物繁盛的时代。近年来随着系统发育系统学（支序分类学）方法的广泛应用，两栖类的定义和分类出现了许多新的版本，到目前为止还没有大致统一的方案。为了简便起见，避开学术上的争论，此处仍然沿用传统的两栖类概念来包括那些二叠纪和三叠纪的非羊膜类四足动物。

离片椎类为一类已灭绝的古老型的两栖动物，因椎体由腹面的间椎体和背侧的侧椎体组成而得名。繁盛于石炭纪、二叠纪和三叠纪，只有个别种类可以顽强地生存到白垩纪。其中多数成员半水生至水生，也有一些完全陆生的代表。一般认为绝大多数现生两栖类都起源于离片椎类。“石炭蜥类”是一类已灭绝的，形态兼具两栖类和爬行类特征的四足动物，因最早的化石发现于石炭纪的煤系地层而得名。这类动物从石炭纪早期一直生存至三叠纪早期。它们多数适应于次生性的水生生活，以鱼类为食，少数为陆生种类。一般认为“石炭蜥类”与羊膜类有较近的亲缘关系，它们享有一个共同祖先。在近年来广泛应用的支序分类学中，“石炭蜥类”通常被排除出两栖类，归入爬行型类（Reptiliomorpha）。

中国二叠系和三叠系的两栖类化石数量少，总共只有十余个属种。这些属种中只有个别的保留了完整的头骨，大部分以不完整的头部和头后骨片为代表，它们分属于离片椎类和石炭蜥类。化石发现于甘肃玉门，河南济源，湖北远安，新疆乌鲁木齐、吐鲁番和阜康等地。

石油似卡玛螈（*Anakamacops petrolicus*）
——中国最早的离片椎类

石油似卡玛螈属双顶螈超科（Dissorophoidea）双顶螈科（Dissorophidae）。1999年命名时，正模为一头骨的左前部，包括前颌骨、上颌骨、泪骨、鼻骨和犁骨等骨片。近20年之后的2018年，研究人员又将产自同一个地点的一个不完整的头骨后部、下颌、一个间椎体和两个膜质骨板归入其中，并据此修订了属种的鉴别特征。新材料的头骨后部仅保存了26厘米，据此推测完整的头长可达40厘米。对比于一般体长不超过半米的其他双顶螈类，石油似卡玛螈堪称体

石油似卡玛螈（*Anakamacops petrolicus*）正模
头骨左前部的背视（左图）和腹视（右图）

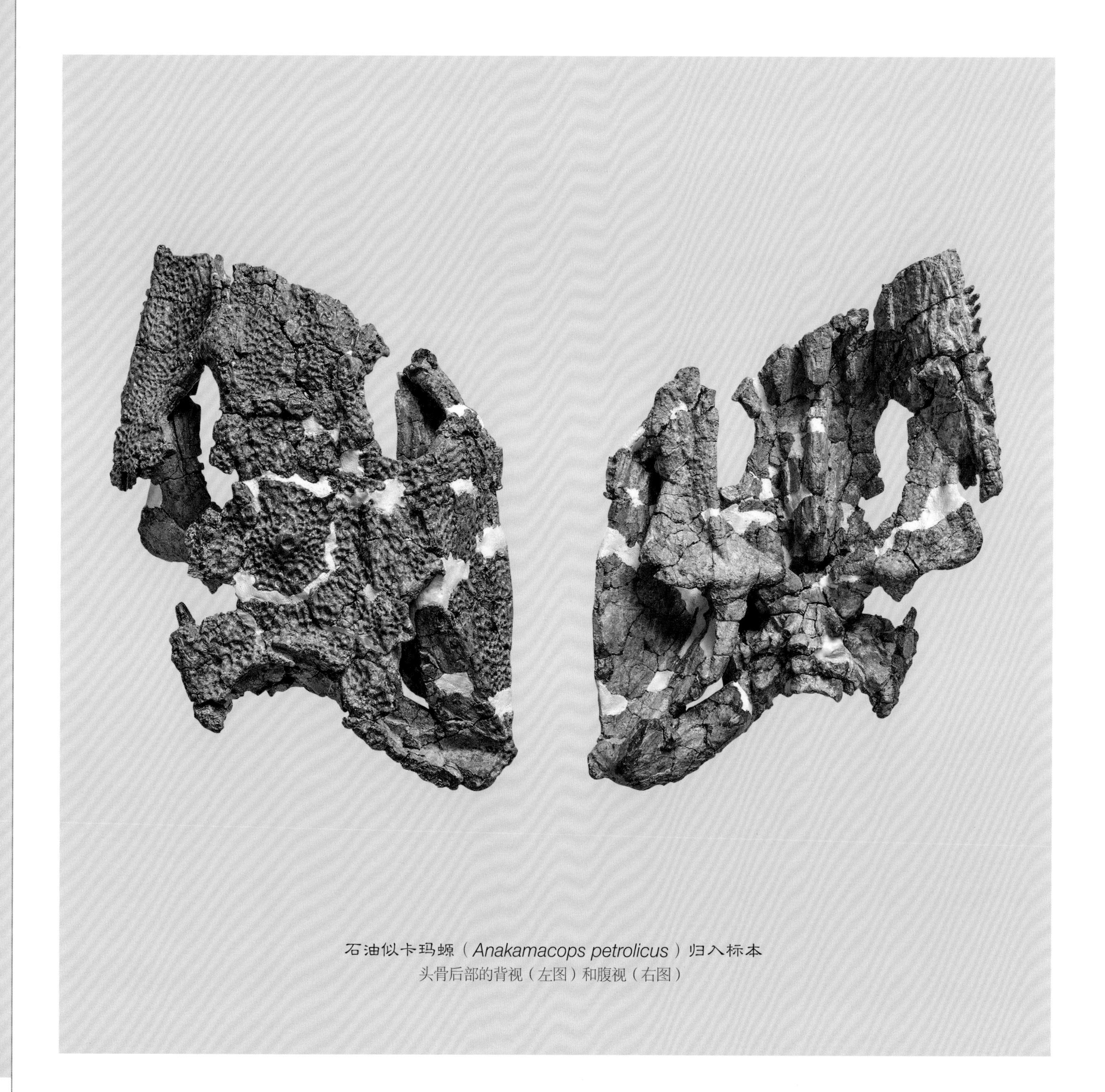

石油似卡玛螈（*Anakamacops petrolicus*）归入标本
头骨后部的背视（左图）和腹视（右图）

型巨大。头骨和下颌各骨片的背面具清晰的、由不规则的凹坑和嵴组成的纹饰。头骨的眶前区背腹向扁平。上下颌外边缘着生一列尖锥状的牙齿，齿尖弯曲向内，齿基部横宽，表面具放射状纵纹。化石产自甘肃玉门大山口中二叠统青头山组，与俄罗斯上二叠统上卡赞亚带的卡玛螈（*Kamacops*）非常相似。它们同属离片椎目双顶螈科。该科的成员自中石炭世至早二叠世繁盛于北美，在石炭纪末期或二叠纪早期传播至西欧大陆，晚二叠世时出现于俄罗斯的前乌拉尔地区。该科中有的成员具较高的头骨，推测适应于陆地生活，而有扁平吻部的石油似卡玛螈更像是营水生生活的。

宽头远安鲵（*Yuanansuchus laticeps*）
——海陆交互相地层中的离片椎类

宽头远安鲵是我国三叠纪的离片椎类，属乳齿鲵超科（Mastodonsauroidea）海勒鲵科（Heylerosauridae）。该种的正模是一个几乎完整的头骨，只有吻前端和头骨的后侧略有缺失。头骨的宽度（31 厘米）大于长度（26 厘米）。头骨背腹向扁平，特别是眶前区。眼孔小，近圆形，两眼间距离较大。与其他乳齿鲵科的两栖类比较，它的眼孔和松果孔位置靠前，眶后的头顶平台长。外鼻孔椭圆形，长轴指向前内侧。棒骨侧突从后面包围半封闭的耳凹。头骨腹面的内鼻孔椭圆形，位置靠前，孔前的部分非常短。间翼骨腔非常宽大。头骨表面纹饰明显，可见清晰和连续的侧线感觉沟，表明动物营水生至两栖的生活方式，它比其他的大头螈类更偏好水生。从头长超过 26 厘米来看，它是一个成年个体，但有趣的是它具有一些与幼体和亚成年个体相似的特征，如头骨宽且呈三角形，眼孔前置，以及内骨骼的骨化程度和头骨表面的纹饰等。

化石产于湖北远安中三叠统巴东组 II 段，该地层曾被有的研究者认为属于海相的风暴潮沉积。但在化石产地茅坪场，并未见到与潮汐相沉积有关的岩层结构，化石更像是埋藏在冲积平原相的地层中。

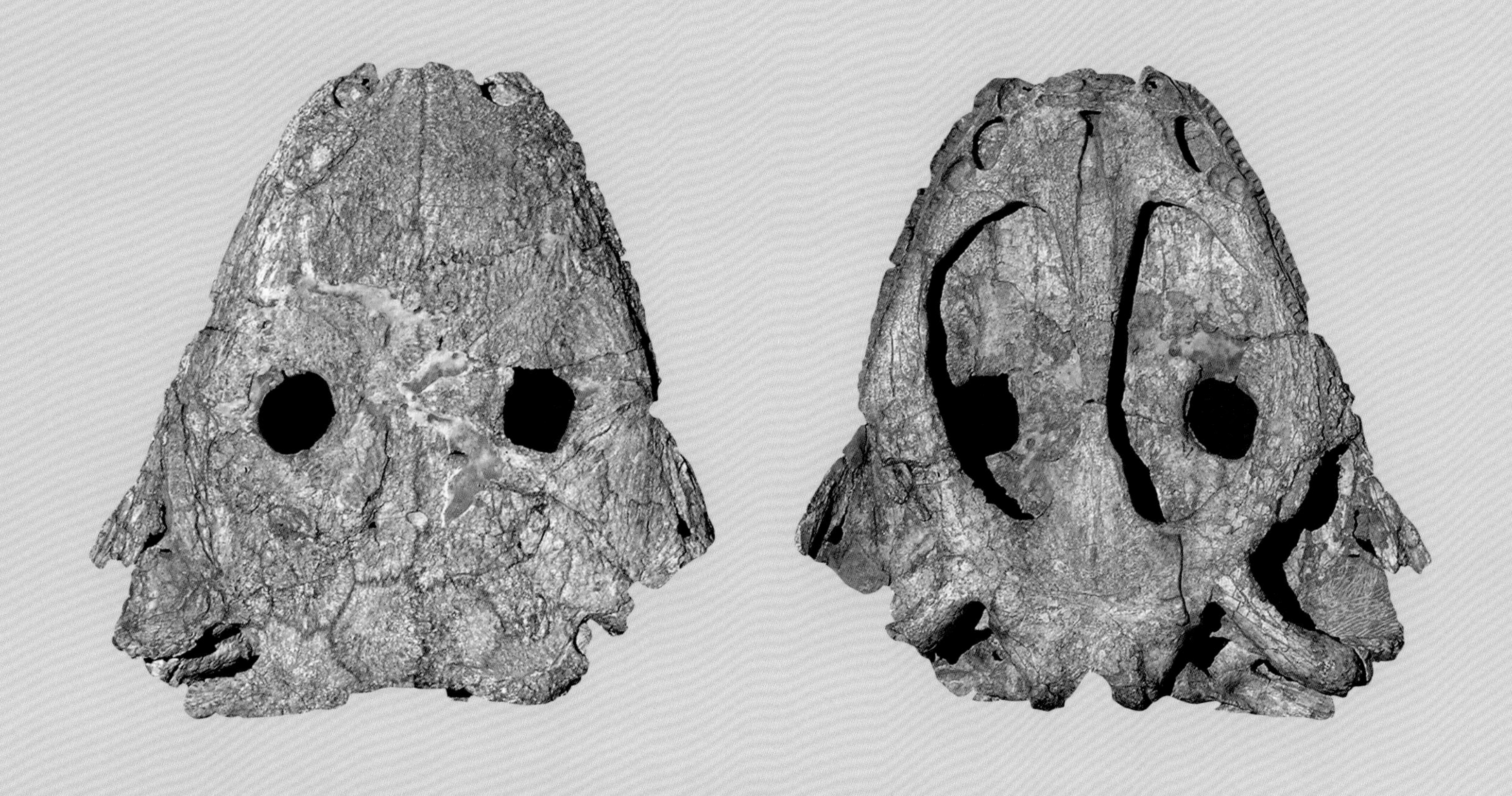

宽头远安鲵（*Yuanansuchus laticeps*）
头骨的背视（左图）和腹视（右图）

走廊泰齿螈（*Ingentidens corridoricus*）
——有巨大牙齿的“石炭蜥类”

走廊泰齿螈属石炭蜥类迟滞鳄科（Chroniosuchidae）。这是仅依靠一个右下颌支建立的化石属种。下颌支后端稍有破损，保存长度可达 31 厘米，是一种中等大小的动物。下颌前部齿骨表面具稀疏的凹坑和形态不规则的嵴；而后部骨片（如隅骨、上隅骨等）外表面的凹坑和嵴非常密集，形成蜂窝状构造。内侧的米克尔氏窗（Meckelian fenestra）为大的椭圆形。冠状骨和前冠状骨上无齿。齿骨上缘保存了 30 枚牙齿和一些能容纳牙齿的齿隙，其中保存的第 3 齿

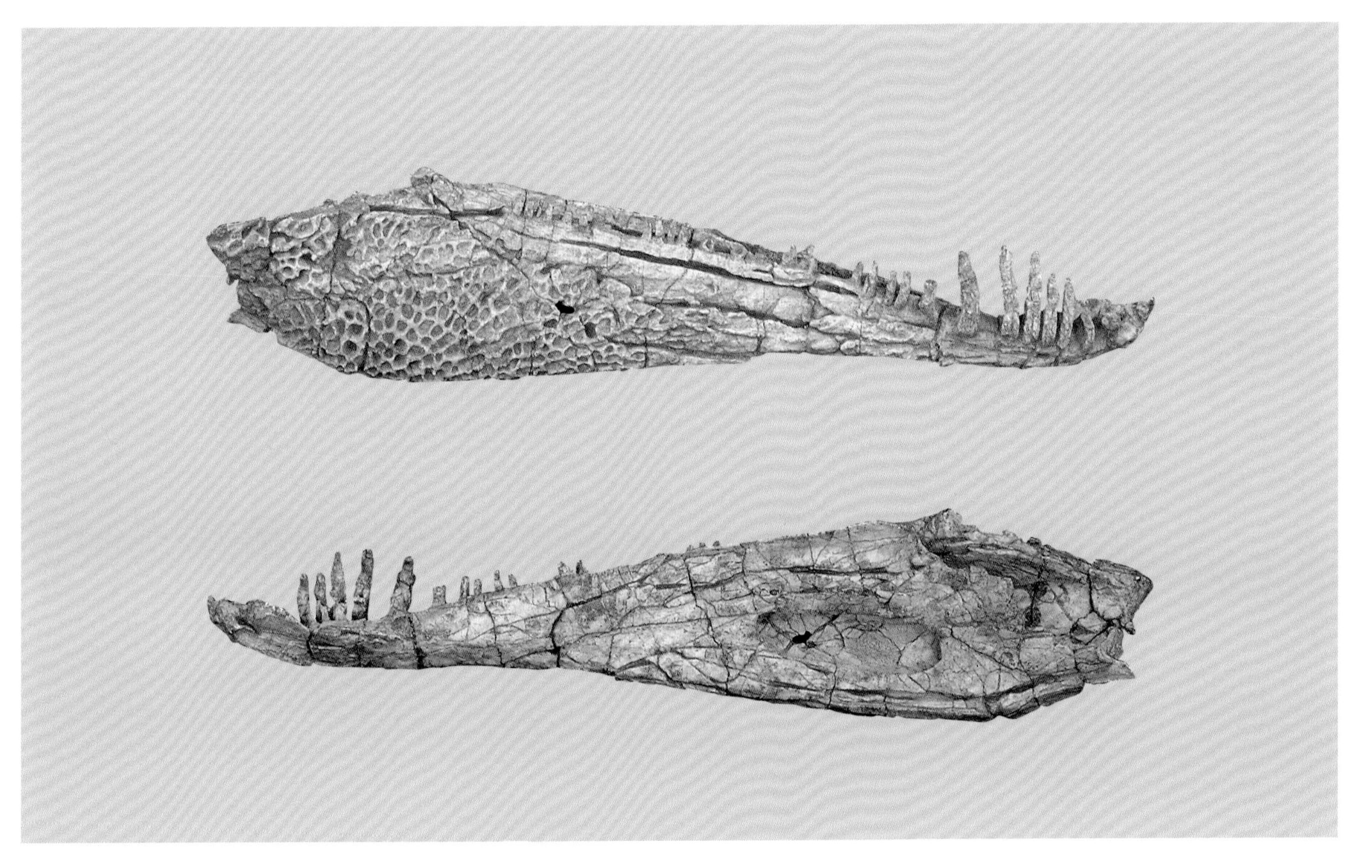

走廊泰齿螈（*Ingentidens corridoricus*）
右下颌支外侧视（上图）和内侧视（下图）

至第 10 齿为硕大的犬齿状利齿。推测它同北美早二叠世的长脸螈（*Eryops*）一样，可能具有捕鱼的食性。走廊泰齿螈产自甘肃玉门大山口中二叠统青头山组，它与许许多多的波罗蜥类、大鼻龙类、恐头兽类和异齿兽类一道埋藏于同一个化石墓地。

迟滞鳄是一类生活于中晚二叠世，以陆生习性为主的两栖动物。化石最初只发现于俄罗斯上二叠统的鞑靼阶（Tatarian），其后地理分布扩展至中国的甘肃玉门和河南济源，地史分布最迟可达晚三叠世。

六道湾乌鲁木齐鲵（*Urumqia liudaowanensis*）
——中国最古老的二叠纪四足动物

六道湾乌鲁木齐鲵属于“石炭蜥类”西蒙龙型亚目（Seymouriamopha）的盘蜥螈科（Discosauriscidae）。正模是一个个体的前半部分，与之同时发现的化石标本众多，包括 20 余个完整或不完整的个体。乌鲁木齐鲵比同时代大部分两栖类的个体要小，体长只有 25 厘米。四肢短小粗壮，尾长。头骨呈吻端钝圆的三角形，颅骨表面具细密的放射状纹饰，在眼眶的上下似有侧线沟存在。正模头长 5 厘米，大的眼孔圆形，眼孔中保存有用来支持和保护眼球的巩膜环，这证明该动物有很好的视力。上下颌齿列各有约 20 枚牙齿，它们大小不一，为圆锥状的迷齿，齿表面具纵向条纹。

化石产自新疆乌鲁木齐六道湾二叠系的芦草沟组。该组地层岩性细，层理薄，含丰富的动植物化石。保存的古鳕鱼类（palaeoniscoids）和乌鲁木齐鲵大多完整，表明它们未经搬运，是原地埋藏的。因骨片上未见因长期日晒而产生的裂纹，研究者认为这些动物不是因湖水干涸而死亡的。推测是因水底聚集了过多的有机物，在季节等因素变化中产生缺氧而造成大量死亡。根据产出的古鳕鱼类，芦草沟组的时代曾被认为是晚二叠世。新的年代测定表明它应是早二叠世的沉积。这样乌鲁木齐鲵就是中国最古老的二叠纪四足动物。

六道湾乌鲁木齐鲵（*Urumqia liudaowanensis*）骨架腹视

2. 波罗蜥类（bolosaurids）

波罗蜥是一类非常奇特的小型副爬行动物。早二叠世，当它出现于泛大陆的北方地区时，大部分的其他副爬行类（如前棱蜥类和锯齿龙类）尚未诞生。令人惊异的是这一仅包括 3 属 6 种，化石数量稀少且不完整的门类，却分布于北美、欧洲和亚洲这些相距遥远的地区。它还具有一些同时代的其他陆生四足类（如真爬行类和下孔类）所没有的进步特征，如具独特的异齿型齿列、可用双足行走和奔跑。这一规模较小的类群包括北美下二叠统的波罗蜥属（*Bolosaurus*），德国下二叠统的真双足蜥属（*Eudibamus*），及俄罗斯和中国中二叠统的别里贝蜥属（*Belebey*）。推测波罗蜥类在早于石炭纪 - 二叠纪相交时期就已分为两支，它们以劳亚大陆中心的古赤道区（现在的欧洲）为起点，一支传播到劳亚大陆的西部（北美），另一支到东部，至少在中二叠世时到达中国北方。

波罗蜥类三角形（顶视）的头骨上有大的眼孔和顶孔，在颊部有一狭长的下颞孔。头骨的腭面不具腭骨齿和翼骨齿。边缘齿列为独特的异齿型。前部细长的门齿形齿向前方伸出，后部的颊齿横向扩展，具弯曲的齿尖和位于牙齿边缘的复杂的切割嵴，上颌颊齿可以和下颌颊齿精准咬合。下颌冠状突发育，表明固着其上的下颌收肌大，切碎食物的能力强，推测它们以强韧的植物为食。

波罗蜥类的身体结构轻巧，前肢短小，后肢和尾部细长。与此形成对比的是同时代其他陆生四足类具粗壮的肩带和腰带，以及同样粗壮且向两侧伸出的四肢。所以当后者以匍匐的姿势在地球上缓慢运动时，波罗蜥类却可以双足行走，甚至快速奔跑——它们的后肢几乎可以垂直于地面，前后摆动，同时足的后部抬起，仅以趾节着地两足快速运动。这是爬行动物第一次获得这种运动方式，它比以同样方式行走的主龙类早了 6000 万年。也许正因为具有快速奔跑的能力，以植物为食的波罗蜥类才能躲过大型肉食性动物的追捕，与它们共生于二叠纪的劳亚大陆。

程氏别里贝蜥（*Belebey chengi*）
——波罗蜥类在中国的唯一代表

到目前为止，中国的波罗蜥类化石仅发现于唯一的产地和层位——甘肃玉门大山口中二叠统的青头山组。它们的骨架散落后与其他四足动物（石炭蜥类、离片椎类、恐头兽类和大鼻龙类）一道埋藏于一个大的透镜体中。该层位中有为数众多的程氏别里贝蜥的牙床被发现，但只有一个近于完整的头骨保存下来。玉门的材料与俄罗斯的别里贝蜥（*Belebey*）非常相似，它们都有横向扩展的粗大的颊齿齿冠，上面具位于旁侧且弯曲的齿尖、弓形的齿带和半圆形的齿平面。与俄罗斯别里贝蜥不同的是中国化石更大、更粗壮，它的齿列长度是俄罗斯别里贝蜥属型种（*Belebey vegrandis*）齿列长度的两倍，牙齿数目也略多于后者；另外，玉门化石的门齿型齿垂直于颌骨表面，不呈匍匐状前伸。程氏别里贝蜥（*Belebey chengi*）是目前在中国记述过的唯一的波罗蜥类。

程氏别里贝蜥（*Belebey chengi*）
头骨右侧视（左图）和左侧视（右图）

3. 前棱蜥类（procolophonids）

前棱蜥类是副爬行类中最为成功的一支。与其他副爬行类比起来，它的生存时间最长，种属数量最多，分布范围也最广。最早的前棱蜥类出现于 2.5 亿年前的晚二叠世，当其他副爬行类（如锯齿龙类、波罗蜥类等）在二叠纪末期地史上规模最大的生物集群灭绝事件中消失时，只有前棱蜥类进入到三叠纪，并一直生存到 2 亿年前的晚三叠世。早三叠世是大灭绝后的残存期，可能因为缺少竞争者，前棱蜥类迅速辐射发展，充填了大鼻龙类和波罗蜥类灭绝后遗留的生态空间，传播至整个泛大陆。今天在全球各大陆上一共发现了超过 30 个前棱蜥类的属，大部分产自南非的卡鲁盆地、俄罗斯的前乌拉尔地区和加拿大、美国的纽瓦克超群，以及中国、英国、巴西、澳大利亚和南极等地。

晚二叠世原始的前棱蜥类是小型动物，头骨大致呈扁平的三角形，骨片薄而轻巧，头骨后部无颞孔，眼孔大，顶孔大，下颌关节位于头骨后端。具一系列纤弱且尖锐的同型牙齿，数量可达 30 ～ 40 枚，它们是杂食者，可能以昆虫和细嫩的植物为食。

三叠纪的前棱蜥类在许多方面发生了变化，虽然仍属小型爬行类，但个体明显加大，体长可达 40 ～ 50 厘米。头骨骨片加厚，变结实。眼孔逐渐向后加大（最大可达头长的二分之一），推测孔后部可容纳大的下颌收肌，所以该孔常常被称为眶颞窗（orbitotemporal fenestra）。进步的前棱蜥类下颌缩短，齿骨加深，颌关节前移；边缘牙齿数量减少，前颌骨齿最少可以减为 2 枚，颊齿最少可减为 5 枚。它们为异齿型齿列，前面的牙齿锥状，横断面为圆形；颊齿变得横宽，齿冠有内侧和外侧的两个齿尖，为一横脊所连接。在一些属种的化石中，可见正在使用的牙齿被新生齿置换的现象。研究表明：在三叠纪前棱蜥中，眶颞窗加长的过程是和颌的缩短及齿列的特化密切相关的，而这一结构上的变化又与食性的改变相联系，此时它们应以高纤维质的植物为食。三叠纪前棱蜥类的头骨顶视不再是简单的三角形，因方轭骨向两侧突出，有的头骨呈斜四方形，有的呈五边形。产自北美和欧洲一些更进步的前棱蜥类方轭骨不仅仅是简单的外突，而是伸出了 3 ～ 4 个棘刺。有人推测它们可以用来抵御来犯之敌，起到防御的作用；也有人推测它们的装饰性更强，使这些动物在捕猎者面前显得更强大、更凶恶，与一些蜥蜴类头骨上的角作用相同。

瑞士中三叠世前棱蜥类硬蜥（*Sclerosaurus*）的复原雕塑

该模型由瑞士巴塞尔自然历史博物馆 D. Oppliger 制作，赠予中国科学院古脊椎动物与古人类研究所

亚洲新前棱蜥（*Neoprocolophon asiaticus*）
——中国第一种被确认的前棱蜥类

1955～1956年中国科学院古脊椎动物研究室在山西武乡和榆社开展野外地质工作，发掘到大量的假鳄类和肯氏兽类的化石。其间在距榆社银郊2.5千米的二马营组上部，一个小型头骨的发现给考察队带来意外的惊喜。化石虽保存在一结核中，经滚动后呈卵石状，但仍能看出头骨的外貌。可惜的是头骨顶面骨片磨损，骨缝不甚清晰，后部保存也不完整。这小小的头骨引起了杨钟健先生的极大兴趣。经过简单的修理后，他立即着手研究，发现该化石的方轭骨位置靠前，其上虽未发育棘状突起，但已明显地向两侧突出，使头骨呈斜四方形；头骨上有大的顶孔和眶颞窗，眶颞窗后端延伸至顶孔后缘之后。这些特征清楚地表明它应是前棱蜥类的一员。杨钟健先生于1957年将其定名为亚洲新前棱蜥（*Neoprocolophon asiaticus*），认为它是前棱蜥类在中国的首次发现。但从严格意义来说，亚洲新前棱蜥只是中国第一种被确认的前棱蜥类。

亚洲新前棱蜥（*Neoprocolophon asiaticus*）
头骨背视（左图）、右侧视（中图）和腹视（右图）

袁氏三台龙（*Santaisaurus yuani*）
——中国最早发现的前棱蜥类化石

袁氏三台龙化石是袁复礼教授参加中瑞西北科学考察团（1928 ～ 1932 年）时，在新疆阜康和吉木萨尔下三叠统的韭菜园组发现的。化石材料包括三个不完整的骨架。它们个体小，短的头骨上具大的眶颞窗和短的吻部，口腔内上颚部具腭骨齿和翼骨齿（这是四足类的原始特征），上下颌的边缘牙齿侧生型。1934 年，化石被交予地质学家戈定邦教授研究，1940 年被定名为袁氏三台龙（*Santaisaurus yuani*）。事实上，这才是中国最早发现的前棱蜥类化石，只不过因分类位置长期存疑，曾被置于蜥蜴亚目始蜥下目，到 1966 年 Romer 才将它归入前棱蜥科。

袁氏三台龙漫长的旅途和回归

戈定邦教授早年曾在北京大学、清华大学和台北师范大学任教，后旅居德国和美国从事古生物学和教育改革的研究工作。自 1934 年获得化石研究权后的四十多年里，袁氏三台龙一直被戈定邦教授珍藏，曾随他到全球的多个国家进行访问交流。1979 年 4 月——中国改革开放的起始阶段，戈教授回国参加中国古生物学会第十二届学术年会，将袁氏三台龙的正型标本交给国家，表达了一个海外华侨热爱祖国，关心科学事业发展的拳拳之心。该标本现收藏于中国科学院古脊椎动物与古人类研究所，标本号为 IVPP RV 40127。

旅美华侨戈定邦教授
将袁氏三台龙化石献给祖国

据新华社南京四月二十八日电　旅美华侨戈定邦教授最近将一块精心收藏的新疆袁氏三台龙正型标本化石献给祖国，中国古生物学会为此于四月十六日在苏州举行了仪式。

戈定邦教授这次献出的袁氏三台龙化石，是我国现有同类型化石中最完整的一块。袁氏三台龙生活在约两亿年前的古新疆地区，是一类早期的爬行动物。二十年代初，我国著名地质学家袁复礼教授在新疆乌鲁木齐以东吉木莎尔附近的三台（地名）三迭系地层里发现了这块两寸多长的稀有化石，一九三四年交戈定邦教授带往国外研究。研究结果表明，这块化石对于研究脊椎动物的演化和鉴定我国西北地区三迭系地层的时代具有一定的科学价值，为大陆飘移学说提供了有力的证明，因而受到国内外古生物学家们的重视。戈定邦教授最近回国探亲，将这块珍藏了四十五年的化石献给祖国。

1979 年 4 月 29 日“人民日报”刊发有关三台龙回归的消息

袁氏三台龙（*Santaisaurus yuani*）
头骨和部分头后骨骼背视（左图）和腹视（右图）

河套五角蜥（*Pentaedrusaurus ordosianus*）
——具最完整骨架的中国前棱蜥类

河套五角蜥化石由不完整的头骨和头后骨骼组成。化石发现于陕西府谷下三叠统和尚沟组。头骨大而扁平，头长可达 78 毫米。与亚洲新前棱蜥相似，它的方轭骨也向外侧突出，不同的是头骨总体形态呈五边形。眶颞窗大，外形不规则，长度超过头骨长度的 1/2。顶孔弹头形，位于眶颞窗后缘之前。河套五角蜥显示了许多进步的特征——方骨位置前移，与之相适应的是下颌缩短（长度仅为 58 毫米，是头骨长度的 3/4 左右）和颌关节位置的前移。齿列极短，牙齿数目少，上颌 9 齿，下颌 7 齿。牙齿形态分化明显，前颌骨齿、前部的上颌骨齿和齿骨齿为小而粗壮的锥状齿；而上下颌后部的牙齿为横宽、具双尖的牙齿，自前向后牙齿加大。河套五角蜥与亚洲新前棱蜥属同一亚科，二者有密切的亲缘关系。

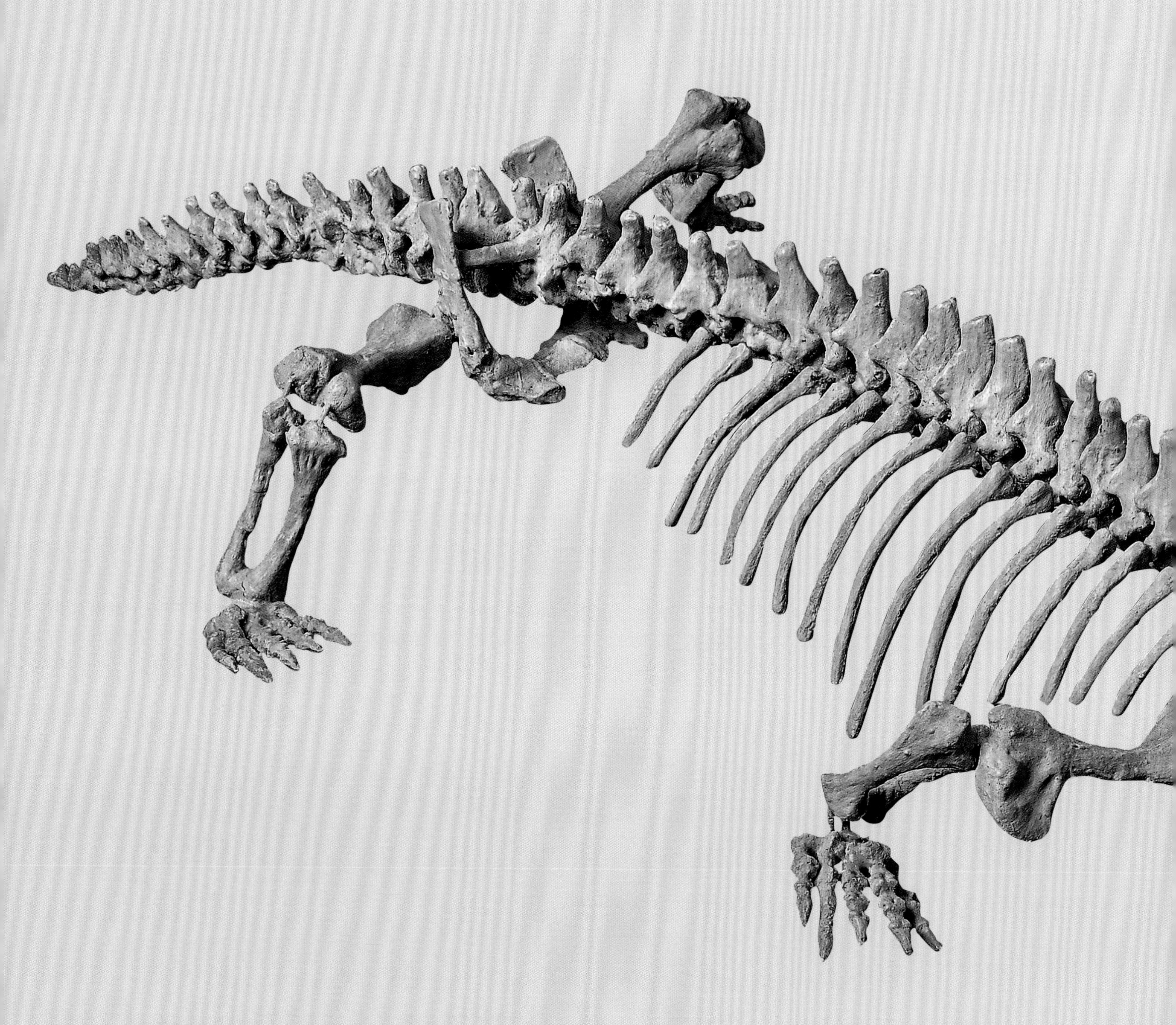

河套五角蜥复原骨架模型

河套五角蜥（*Pentaedrusaurus ordosianus*）
头骨和下颌顶视（上图）、右侧视（中图）和腹视（下图）

深头置换齿蜥（*Eumetabolodon bathycephalus*）
——与南非前棱蜥属关系密切的代表

深头置换齿蜥是中国前棱蜥类化石中材料最为丰富的一个种，包括一个完整的头骨和紧密咬合在一起的下颌（正模），以及另外 18 个保存不完整的头骨材料。化石发现于内蒙古准格尔旗布尔洞梁和陕西府谷戏楼沟的下三叠统和尚沟组和二马营组底部。头骨顶视近于三角形，后部较为宽阔。鳞骨、方轭骨和方骨向后下方延伸。下颌关节位于头顶平台后缘的正下方。这些特征表明它比五角蜥属和新前棱蜥属原始，与南非的前棱蜥属（*Procolophon*）关系密切。

在深头置换齿蜥的化石材料中，小型个体均具同形的锥状齿，而中 - 大型个体的颊齿为横宽的双尖齿。推测随着个体的加大，齿列后部的锥状齿被双尖齿所置换，虽然目前还没有观察到直接的证据。爬行动物中牙齿置换是普遍存在的，但置换的方式和频率各不相同。这批化石还清楚地显示了牙齿高度、咬合面的方向和动物年龄间的关系。小型个体的齿冠短，磨面不明

深头置换齿蜥（*Eumetabolodon bathycephalus*）
头骨和下颌顶视（左图）、左侧视（中图）和腹视（右图）

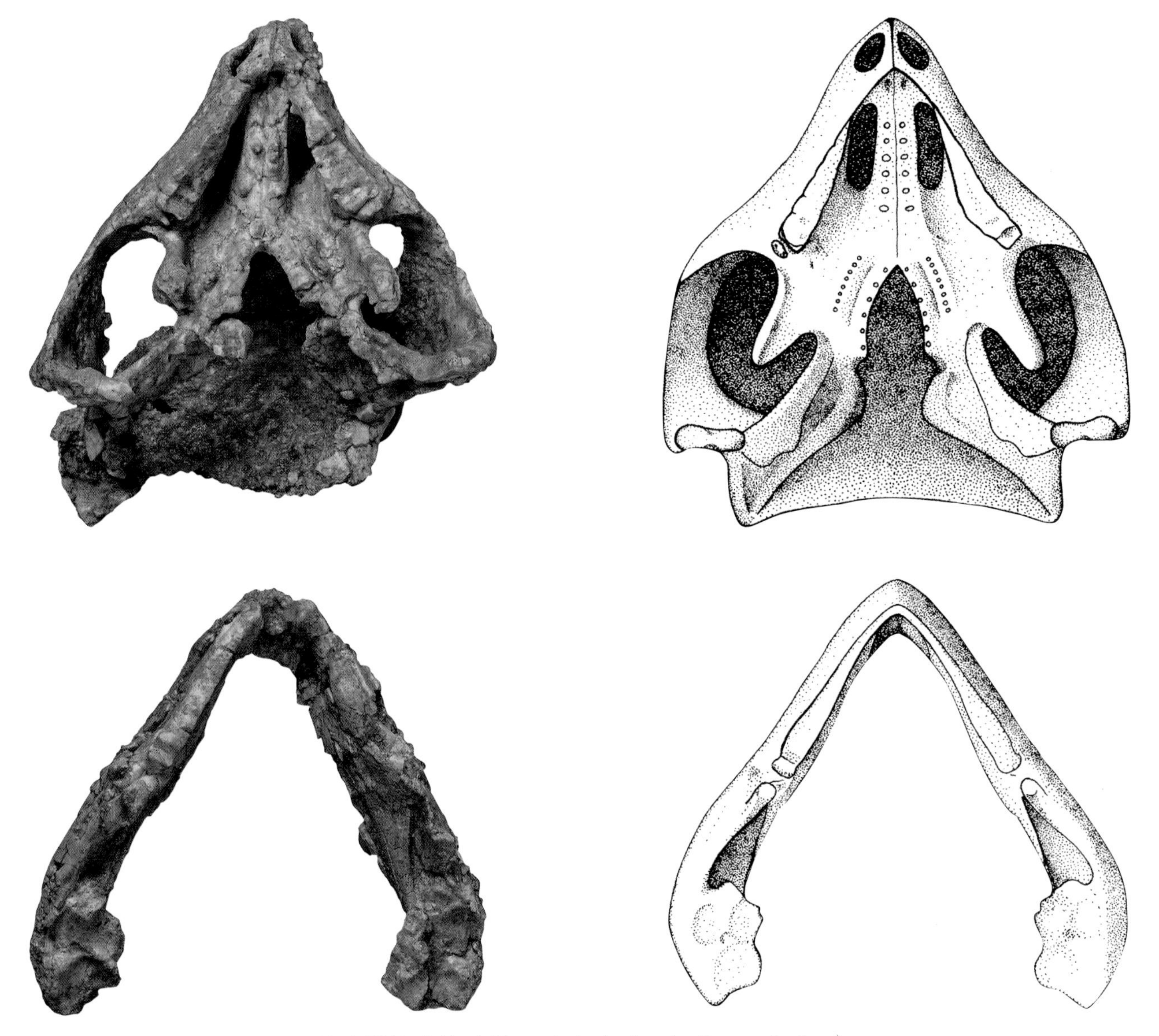

深头置换齿蜥（*Eumetabolodon bathycephalus*）
大型头骨的腹视（上图）和下颌顶视（下图）

显；中等大小个体的齿冠达到最大高度，但磨面似乎不规则；更大些的化石牙齿顶面被磨平，表明它们需要大量摄取高纤维质的食物。这批材料中的特例——长度达 10 厘米的最大头骨，上下颌齿列的大部分牙齿均被磨没了，只有最后两齿残存。因牙齿为端生型，磨失的牙齿没有留下任何踪迹。为了生存的需要只能以颌骨来代替牙齿切碎食物，颌骨表面被磨平。这显然是一个高龄的老年个体，也许是一位德高望重的族长呢！

4. 锯齿龙类（pareiasaurids）

锯齿龙类是原始副爬行类动物中最为独特的一支。它们体躯庞大且笨重，一般体长 2 ～ 3 米。头骨宽阔，顶面和颞部常装饰有一些棘刺，使得它们的面貌看起来有些怪异。有着狰狞外貌的锯齿龙类却并不凶恶，而是以植物为食的大型动物。生于颌骨边缘的牙齿呈细小的叶片状，具边缘锯齿和舌侧的齿带结构，只能切割较为细嫩的植物。在头骨腭面的犁骨、腭骨和翼骨上，原始地保留了一些成列的小齿。像许多现生的食草哺乳动物一样，它的身体为粗的圆筒状。为了支撑笨重的身体，它的四肢异常粗壮，足部短而宽。这样的体型在运动速度上是不占优势的，当受到追击时，它跑不过同时代的掠食者——兽孔类。为了生存下去，它的身体表面被有骨质的甲片，用以抵御肉食动物的尖齿和利爪。锯齿龙类生存和繁盛于晚二叠世，是南非和俄罗斯陆地生态系统的重要成员。少量的化石还发现于中国、摩洛哥、尼日尔、巴西、德国和英国。系统发育分析表明锯齿龙类和前棱蜥类有较近的亲缘关系。

中国北方陆相二叠纪地层广泛分布于东起华北西到新疆的广大地区。但迄今为止，仅在山西保德和柳林的孙家沟组及河南济源的上石盒子组中发现了锯齿龙类的化石。更让人感到遗憾的是它们都很零散，以不完整的牙齿、颌骨、脊椎和肢骨为代表。它们不如发现于南非和俄罗斯同时代地层中的锯齿龙类那般丰富和完整。材料的不完整导致了属种鉴定的不确定性，也给研究对比带来困难。当然，科研人员从未放弃寻找，近日从石千峰龙的原产地山西保

德以及内蒙古包头大青山传来了令人振奋的好消息——人们发掘到几个完整或不完整的锯齿龙类头骨和骨架，这可大大弥补中国该类化石材料的不足，对探讨它们的骨骼特征、身体结构、生态环境及古地理传播具重要的意义。

完整的锯齿龙头骨

二叠石千峰龙（*Shihtienfenia permica*）
——中国发现的第一种锯齿龙类

1960 年，孙艾玲带队在山西保德上二叠统孙家沟组中发掘到两具脊椎动物骨架。后来杨钟健和叶祥奎对标本进行了研究，将其定名为二叠石千峰龙（*Shihtienfenia permica*）。这是在该层位中记述的第一个爬行动物属种，也是中国发现的第一种锯齿龙类。可惜的是两具骨架均不完整，仅包括部分脊椎、肩带、腰带和肢骨等。虽未发现头骨上的材料，但头后骨骼显示了锯齿龙类的一般特征：脊椎椎体双凹型，背椎部分间椎体发育；肩胛骨细长，乌喙骨和前乌喙骨愈合；肱骨粗大，扩展的近端和远端强烈扭转，二者呈 40° 的夹角。后续的研究指出了石千峰龙的两个自有裔征：肩胛板（scapula blade）前缘靠近背端有圆形的扩展；肩峰突（acromion process）为平滑的半圆形。

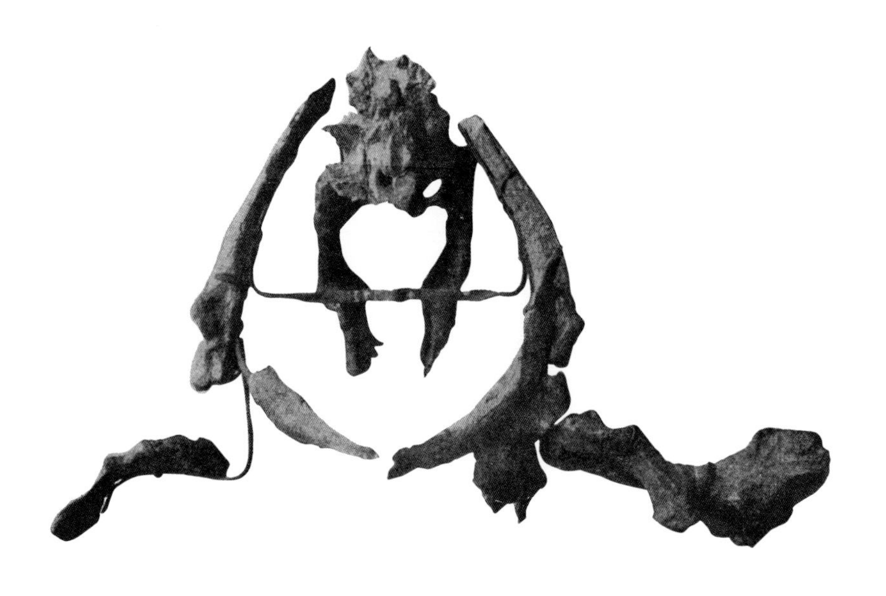

二叠石千峰龙（*Shihtienfenia permica*）不完整骨架前视图

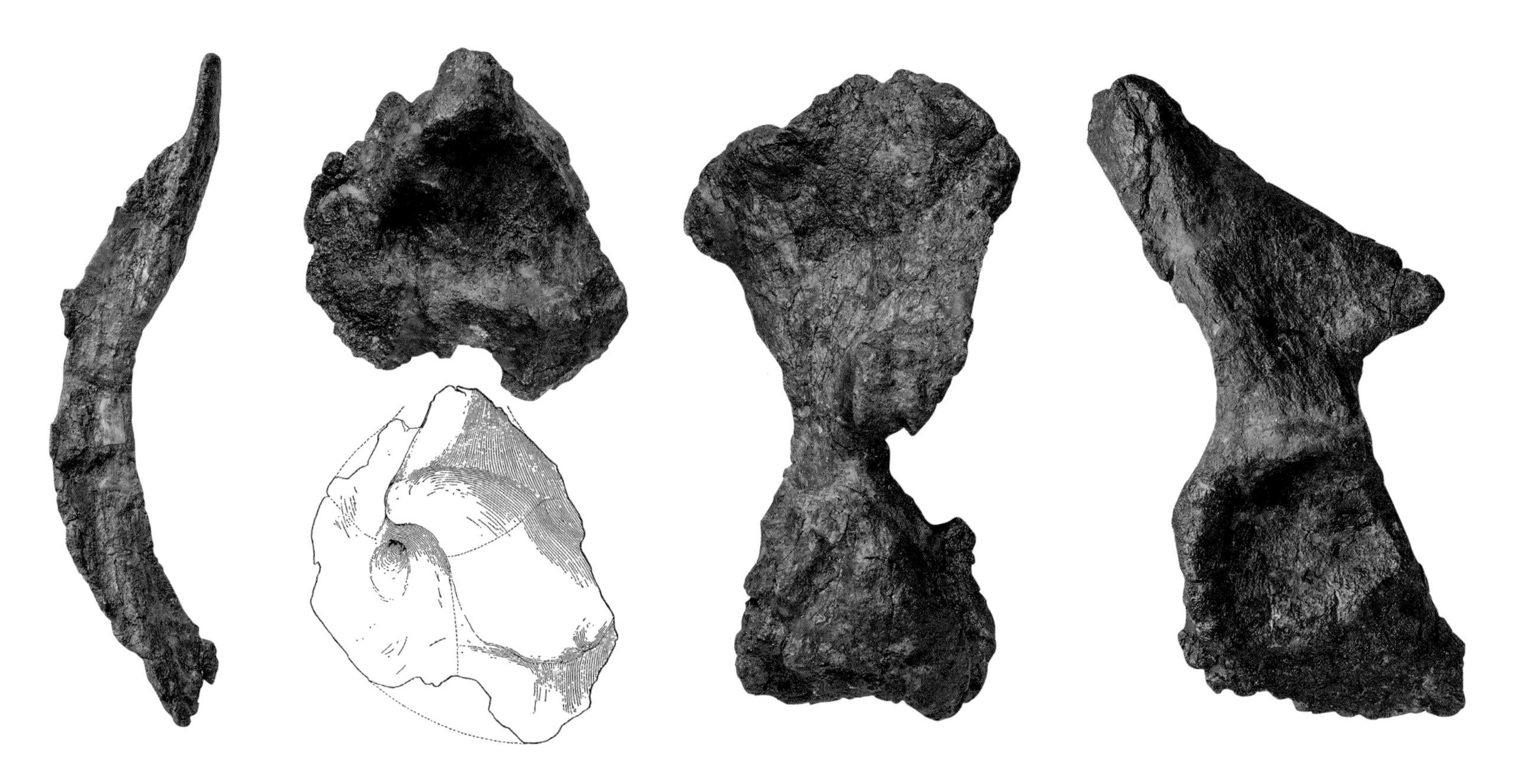

二叠石千峰龙（*Shihtienfenia permica*）的头后骨骼
从左至右：左锁骨内侧视、部分左肩带的外侧视（照片和线条图）、左肱骨前视、左腰带外侧视

矮小三川龙（*Sanchuansaurus pygmaeus*）
——展示牙齿置换的锯齿龙类

在二叠石千峰龙发现后的几十年间，新的锯齿龙类材料不断发现，又陆续命名了另外的 5 个属种。其中的矮小三川龙（*Sanchuansaurus pygmaeus*）发现于山西柳林的孙家沟组，化石材料包括一个前端破损的右上颌骨。保存长度 135 毫米，估计上颌的总长度为 155 ～ 160 毫米，与其他锯齿龙类上颌骨的长度（大约 160 ～ 220 毫米）比起来这显然是一个较小的个体。上颌骨腹缘保存了 10 枚牙齿和 5 个空的齿位。齿冠呈叶片状，稍横向侧扁，排列紧密，彼此间明显地重叠。值得注意的是齿列中单数和双数牙齿的高度不同，似乎暗示它们不是同时萌出的。上颌骨内面的骨壁上，露出了三个牙齿的冠部，它们清楚地表明了牙齿置换的存在。这三个牙齿继续生长将置换正在使用的牙齿。三川龙每个牙齿齿冠边缘具 9 ～ 11 个小齿，小齿排列顺序为前方 3 ～ 4 个、中央 3 个、后方 3 ～ 4 个。齿带上有 10 ～ 12 个细小的锯齿。

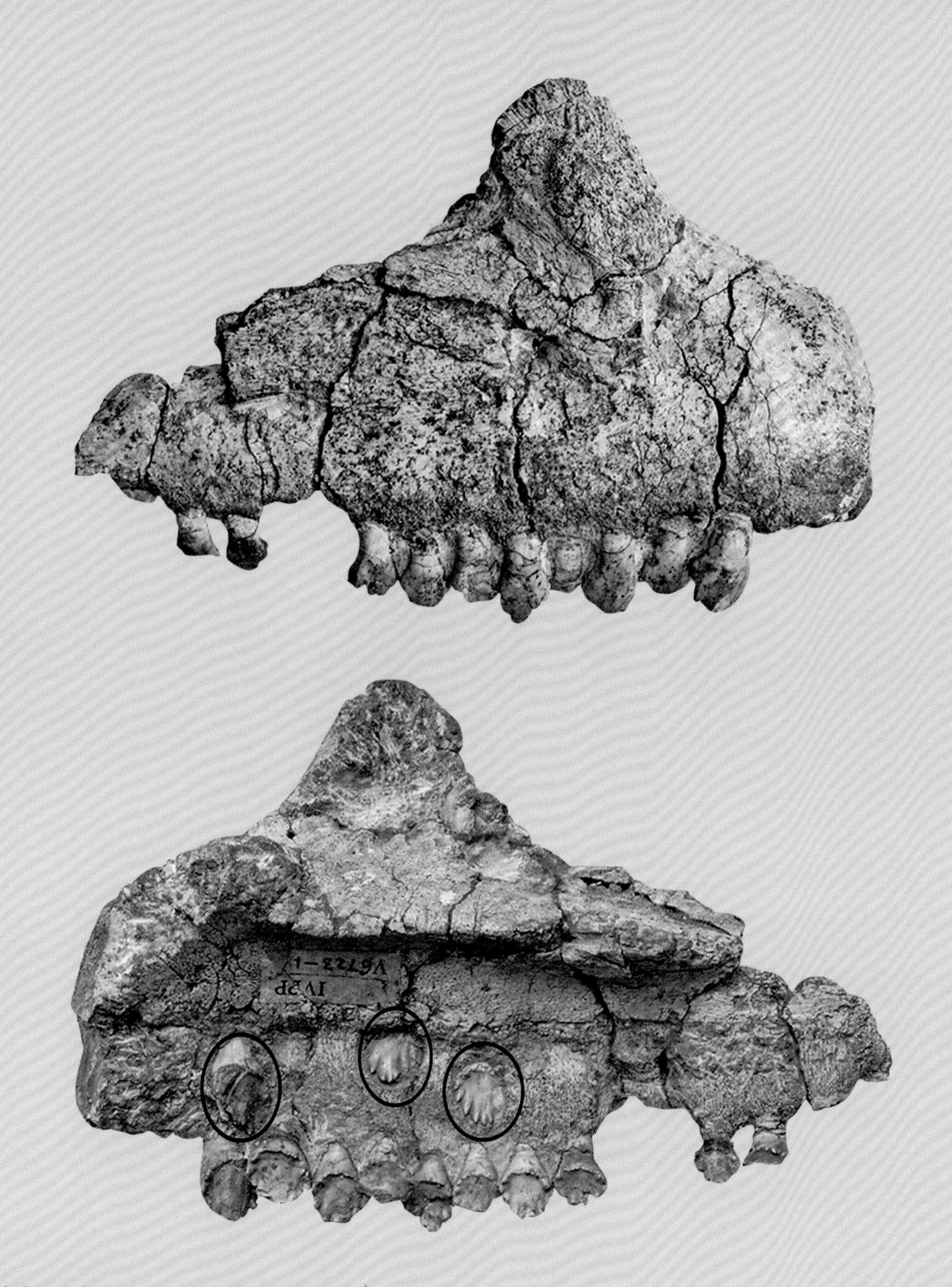

矮小三川龙（*Sanchuansaurus pygmaeus*）
上颌骨外侧视（上图）和内侧视（下图），圆圈中为萌生中的置换齿

复齿河南龙（*Honania complicidentata*）
——名称曾被弃用又获重生的锯齿龙类

复齿河南龙是依据几个单独保存的牙齿建立的。齿冠边缘具 13 ～ 15 个小锯齿，舌面有明显的齿带（cingulum）结构，齿带上有更细小的锯齿（或称瘤状突）。化石发现于河南济源上

二叠统上石盒子组上部，层位低于产自山西保德和柳林孙家沟组的其他锯齿龙类。复齿河南龙因化石材料的不完整和不具独特的进步特征，一度被认为是无效属种。

2015 年，依据在同一化石点新发掘到的上颌骨、齿骨和部分头后骨骼材料进行了补充描述，重新确立了复齿河南龙的有效地位。它的上颌骨齿齿冠高，且排列稀疏，明显地不同于上述矮小三川龙的短而排列紧密的上颌骨齿；齿骨齿稍向后倾斜；肱骨不具外上髁孔。

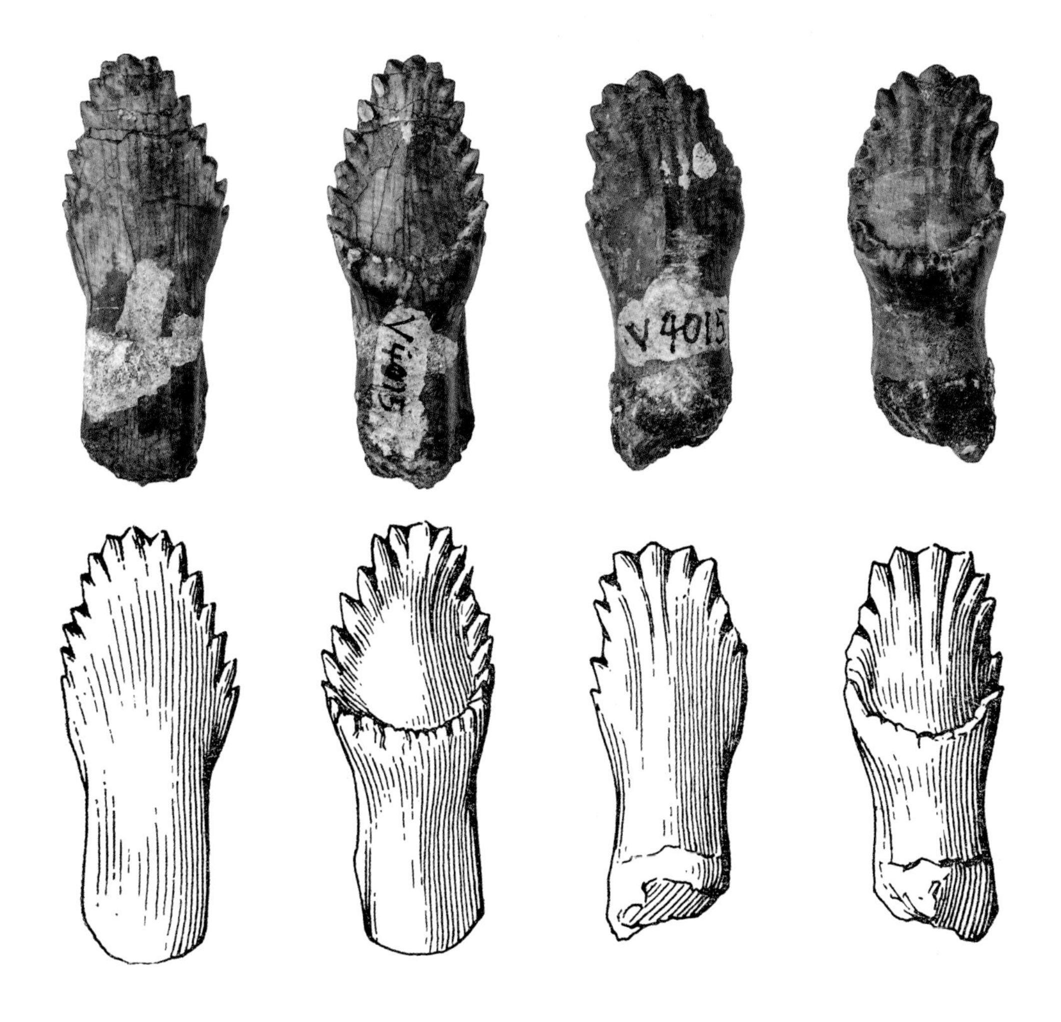

复齿河南龙（*Honania complicidentata*）正模
两颗牙齿照片和素描图

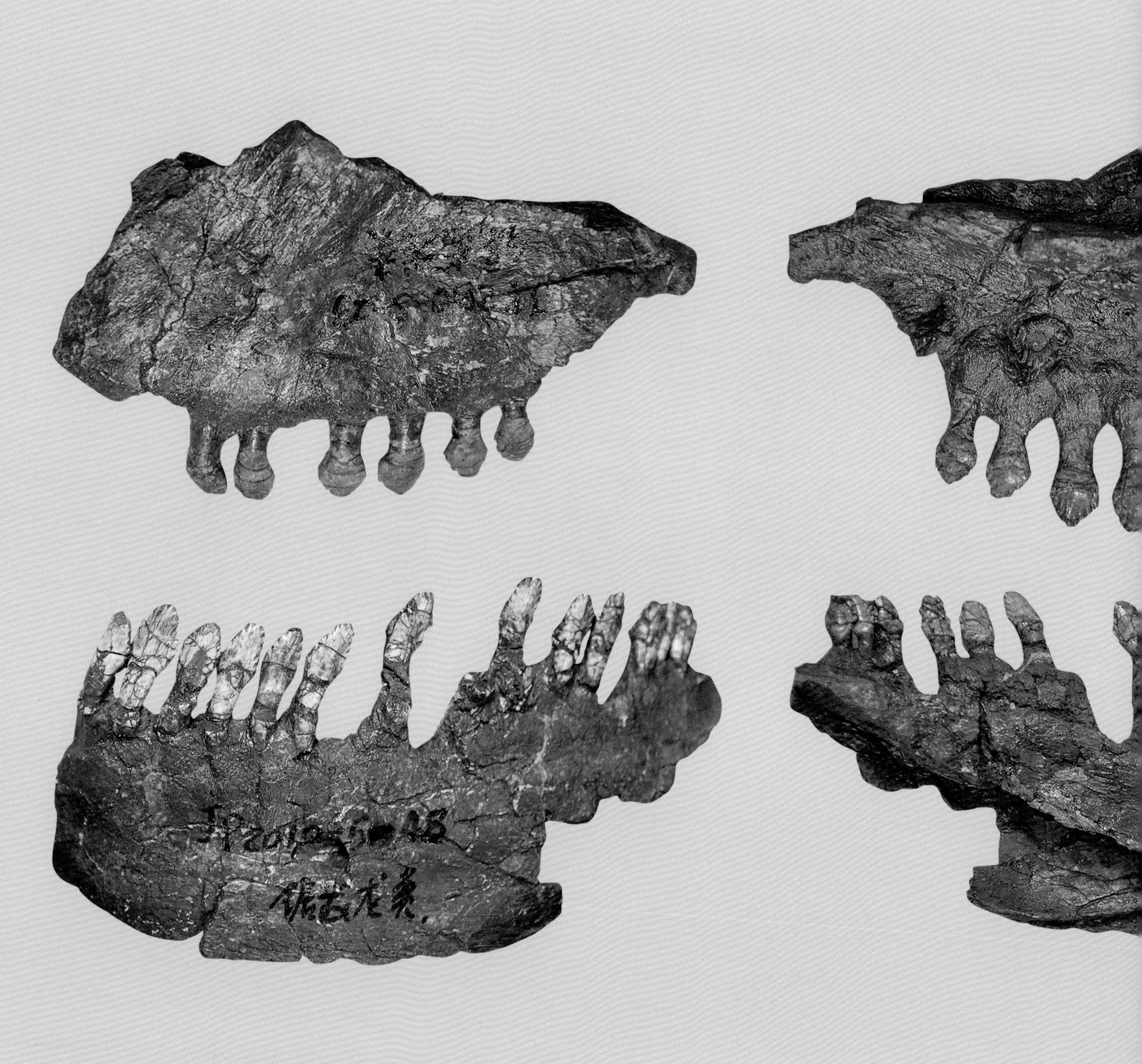

复齿河南龙（*Honania complicidentata*）的左上颌骨和左齿骨

左上颌骨外侧视（左上图）、内侧视（右上图）和左齿骨外侧视（左下图）、内侧视（右下图）

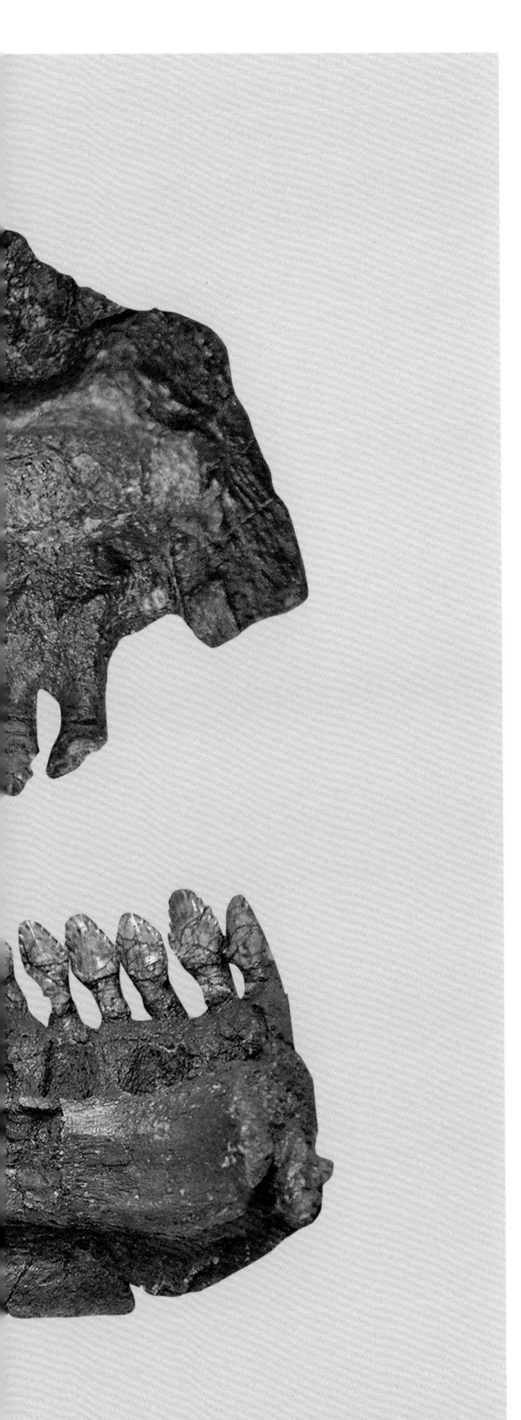

5. 大鼻龙类（captorhinids）

大鼻龙类是古生代爬行类中生存时间最长的动物分支，从晚石炭世一直到晚二叠世，大约延续了5000万年。在传统的演化分类系统中，它们和前棱蜥类、锯齿龙类一道被归入爬行纲无孔亚纲。而在现今广泛使用的支序分类学中，前棱蜥类、锯齿龙类等属于副爬行类，而大鼻龙类是真爬行类的基干成员，与双孔类有较近的亲缘关系。大鼻龙类的进化历史非常有趣而重要，因为它们的成员有多样的生态适应性特征，同时它们也是第一个广布于南北大陆的陆生爬行动物类群。大鼻龙类在晚石炭世时起源于北美。最初时体小（吻-臀距大约30厘米），具蜥蜴状的体型，上颌和齿骨具单一的齿列，以昆虫为食，这一阶段的化石仅发现于北美和西欧。在后来的进化中，一些成员的体型加大，有的还发育了特殊的适应特征，例如具多齿列的齿板，以植物或有硬壳的无脊椎动物为食。进化的较后阶段，它的一些种类才传播到东欧、中国和泛大陆的南区。它曾两次侵入到非洲大陆，一次是小型单齿列的种类，另一次是大型多齿列的种类。二叠纪晚期大鼻龙类主要由中-大型杂食性和植食性动物组成，分布于大部分泛大陆，是第一个几乎全球分布的真爬行类类群。化石发现于今天的俄罗斯、欧洲中部、津巴布韦、尼日尔、摩洛哥、南非和中国。这是它们在地球上的最后繁盛，与许多其他门类的生物一样，它们没有逃过二叠纪末那场地球历史上规模最大的灭绝事件。

青头山甘肃鼻龙（*Gansurhinus qingtoushanensis*）
——中国目前唯一的大鼻龙类

青头山甘肃鼻龙化石发现于甘肃玉门大山口和内蒙古包头大青山，两地不仅相距遥远，含化石地层的年代也不同。玉门化石产自中二叠统的青头山组，包头的产自上二叠统的脑包沟组，两含化石层间很可能有一千多万年的时间间隔。但它们保存的化石却极为相似，都主要是上下颌的齿板，齿板上的齿列数和牙齿形态也很一致。

产自玉门的左上颌骨齿板长6厘米，最大宽度2厘米，据此推测这是一个较大型的大鼻龙类。齿板上有5列大致平行的牙齿，从外侧（唇侧）向内侧（舌侧）每列分别有10枚、11枚、12枚、10枚和8枚牙齿。牙齿单尖，齿基部横断面近于圆形，稍显粗壮；齿顶端稍弯曲，齿尖下方形成一个三角形凹入的面，凹面两侧被纵向的脊所包围。绝大部分牙齿齿尖都弯曲向后，只有个别牙齿（如第4列第7齿）的齿尖弯曲向前。亚槽生型齿，当牙齿丢失后，留下浅的圆形齿孔。在有的齿孔中可见新生的小齿正在萌出。这可以作为甘肃鼻龙牙齿置换的证据，也许这是一个非常年轻的个体，牙齿仍处于正在生长的阶段。

包头的化石保存了紧密咬合在一起的上下颌齿板。虽然我们的化石修理工有高超的技艺，可他们也不敢贸然将这上颌和下颌分开，害怕损伤了紧密交叉在一起的几十枚牙齿。幸运的是从上颌齿板的背面和下颌齿板的腹面，可以清楚地看到牙齿的排列情况——上下颌均有5列牙齿，上颌齿列分别有9枚、12枚、12枚、9枚和5枚牙齿；下颌齿列的牙齿数是8枚、13枚、14枚、11枚和7枚。从齿板的侧面可以看到牙齿的形状和玉门化石牙齿的形态极为相似。

依据齿板的大小、形态和齿列数等特征，甘肃鼻龙被归入大鼻龙科摩哈迪亚科（Moradisaurinea）。该亚科包括进步的大鼻龙类，它们个体较大，头骨呈亚三角形，齿板扩展，上面有多于4列的牙齿。大部分成员具简单的锥状齿，齿基部稍膨胀，牙齿上有使用的痕迹（磨面）。而甘肃鼻龙因牙齿的特殊形态（齿尖弯曲）和牙齿上不具磨面与它们明显区别开来。

青头山甘肃鼻龙（*Gansurhinus qingtoushanensis*）
产自甘肃玉门大山口的左上颌齿板外侧视（上图）和腹视（下图）

青头山甘肃鼻龙（*Gansurhinus qingtoushanensis*）
产自内蒙古包头的左上颌和下颌齿板顶视（上图）、外侧视（中图）和腹视（下图）

6. 主龙型类中的基干类群
（basal groups of archosauromorphs）

主龙型类是双孔类爬行动物中重要的一支。它的核心成员包括中生代陆地生态系统的统治者恐龙（包括鸟类），现生爬行类中体型最大的鳄类，以及在中生代以不同的方式征服了天空的翼龙类。除了主龙型类中三个基干类群[①]外，一些三叠纪的成员以具眶前孔（在眼孔和鼻孔之间的大孔）区别于其他早期双孔类。它们的骨骼特征还包括：前颌骨向后延伸至外鼻孔之后，将上颌骨从鼻孔边缘排除出去；槽生齿植根于单独的齿孔，而不是生于一浅沟中；高的方骨与副枕骨突相接，可能支撑耳膜；镫骨细长。按照目前的分类方法，它们属于次级分类单元主龙形类（archosauriformes）之下不同级别的分支，如：古鳄类（proterosuchids）、引鳄类（erythrosuchids）和假鳄类（pseudosuchians）中的波波龙类（poposauroids）等。这些动物绝大多数是食肉类，一般有尖利的匕首状牙齿，其前后缘具锯齿结构。它们生存于早三叠世至晚三叠世，大部分在主龙形双孔类的系统发育中占有非常重要的地位，其中只有波波龙类和有现生代表的鳄型类（crocodylomorphs）在同一演化支系。化石广布于亚洲、欧洲、非洲、北美洲和南美洲的三叠纪地层。

在新疆、山西、陕西、内蒙古和湖南的下三叠统和中三叠统中，共发现了 10 属 13 种基干主龙形类。它们均为陆生动物，化石保存状态大多不理想，有的只保存头骨材料，更有的属种仅以零散的头后骨骼为代表，只有个别属种（如山西鳄）的化石丰富，不仅发现于不同的产地，而且可组装出完整的骨架。

近年来的研究发现，主龙型类动物不仅可以称雄于陆地，也可畅游于海洋。在中国南方的贵州和云南海相三叠系中发现了 7 属 7 种主龙型类，它们虽不属本书的范畴，但有必要稍作提及。

---

① 包括原龙类（protorosaurians）、喙龙类（rhynchosaurians）、三棱龙类（trilophosaurids）等。到目前为止，这三个类群中除一个分类位置存在争议且保存不完整的小头骨外，其余的均未出现于中国北方的陆相地层中，所以此处不做详述。

这些化石中东方恐头龙（*Dinocephalosaurus oreientalis*）的研究报告发表于2003年，是中国第一个与海相生态系统有关的主龙型爬行动物。它与其他三个属种属于原龙目，是原始的基干主龙型类。属于波波龙类的混形黔鳄（*Qianosuchus mixtus*）的头骨、前肢和尾部具水生动物的特征，而后肢则保留典型的陆生动物形态。富源滇东鳄（*Diandongosuchus fuyuanensis*）则是目前中国唯一的植龙类。与陆相地层中的化石不同，这些海相化石大多骨架完整且保存精美。

山西山西鳄（*Shansisuchus shansisuchus*）复原模型（王宇 制作）

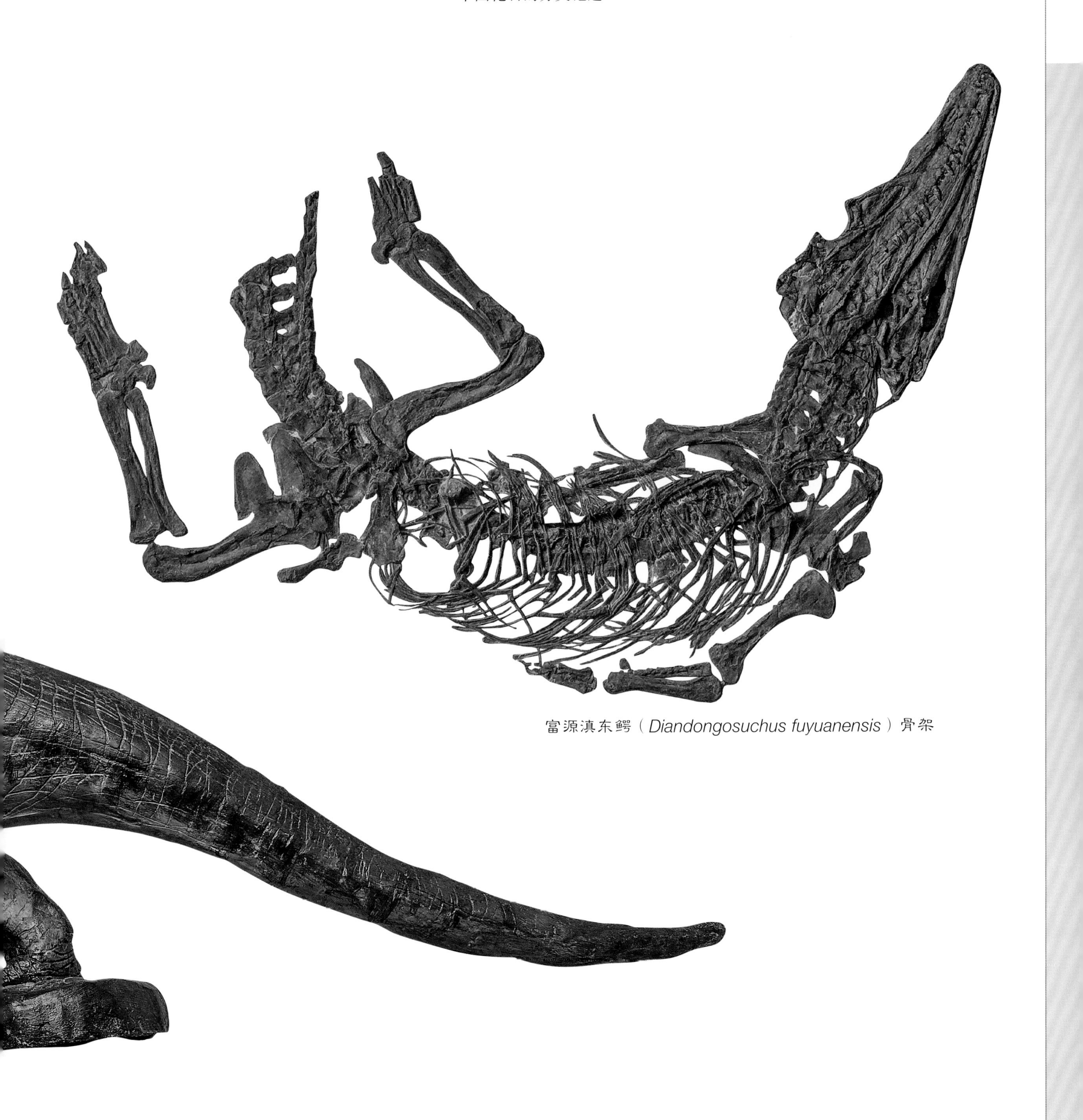

富源滇东鳄（*Diandongosuchus fuyuanensis*）骨架

袁氏古鳄（*Proterosuchus yuani*）
——中国的第一种主龙形类

古鳄类是在二叠纪末生物大绝灭后最早辐射发展的类群，是其他所有主龙形类的姐妹群。在南非和中国，古鳄属（*Proterosuchus*）都是三叠纪最早出现的四足类之一，它常常与水龙兽、前棱蜥等共生。

古鳄的头骨狭长（最长可达 50 厘米），引人注目的特征是吻端长且下弯，悬挂于下颌前端的前上方，前颌骨与上颌骨之间形成等于或小于 120° 的夹角。在眼孔和鼻孔之间，有一个大的眼前孔，推测其功能是减轻头骨重量、容纳大的翼肌和提供更有效的动力。古鳄仍然保留了一些原始特征，如具后顶骨和上颞骨，边缘牙齿着生在非常浅的齿孔中，下颌支外表面无侧孔等。主龙形类中仅有古鳄类保持原始的匍匐姿势，大部分其他的类型和鳄类呈半匍匐的姿势，恐龙和它们的后代则呈充分改进的姿势——四肢更直立，足部的结构变为第 3 趾最长，其余趾呈左右对称状。虽然有的研究者推测古鳄类可以像现生的鳄类一样营水陆两栖生活，但古环境的分析表明它们是陆生动物。

名称的变迁：从袁氏加斯马吐龙到袁氏古鳄

1936 年，杨钟健先生研究了产自新疆阜康的主龙形类化石（包括不完整的头骨、下颌和头后骨骼材料）。因其与南非早三叠世水龙兽带的凡氏加斯马吐龙（*Chasmatosaurus vanhoepeni*）非常相似，新疆材料被归入加斯马吐龙属并立一新种，即袁氏加斯马吐龙（*Chasmatosaurus yuani*）。这一名称在随后的半个多世纪广泛流传。1998 年，古生物学家对产于南非的 3 属 4 种主龙形类进行了综合研究，认为它们（包括凡氏加斯马吐龙）都可归入单一的、1903 年定名的属种——弗氏古鳄（*Proterosuchus fergusi*）。这一研究确认了加斯马吐龙属是古鳄属的晚出异名，应予取消。所以中国产的袁氏加斯马吐龙随之更名为袁氏古鳄。袁氏古鳄比南非产的弗氏古鳄个体要小得多，头长 33 厘米，不具松果孔，牙齿分化更强烈且更向后弯曲，前颌骨具 6 ～ 9 枚牙齿，上颌骨有 28 ～ 30 枚牙齿，牙齿的前后缘具锯齿。

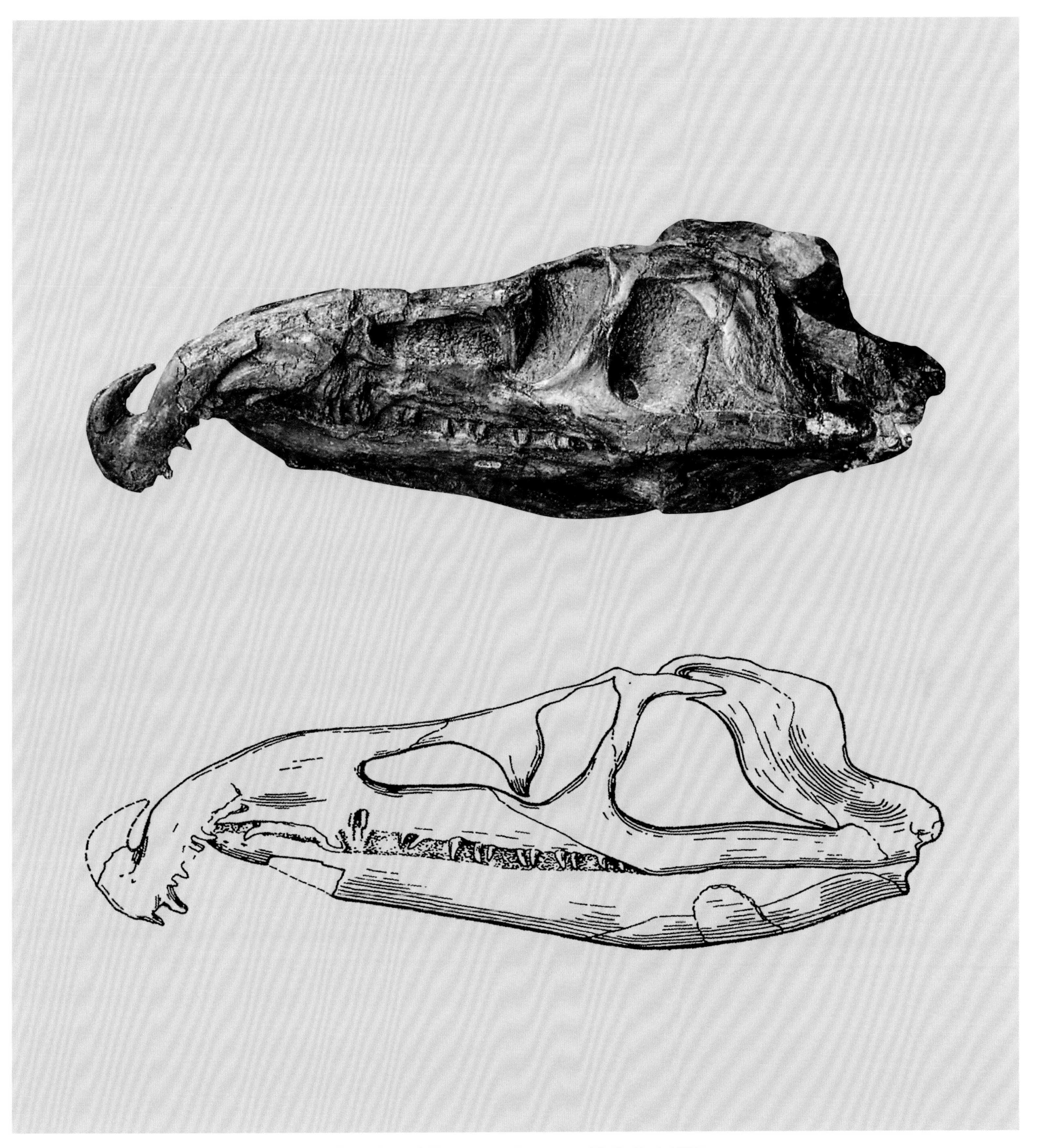

袁氏古鳄（*Proterosuchus yuani*）头骨左侧视

山西山西鳄（*Shansisuchus shansisuchus*）
——具两个眼前孔的引鳄类

山西鳄与南非产的引鳄（*Erythrosuchus*）、俄罗斯和中国产的武氏鳄（*Vjushkovia*）同属引鳄科，这是主龙形类中比古鳄类进步的一个分支。如前所述，山西鳄的化石丰富，发现于山西省武乡、易县、榆社、宁武、静乐、兴县和吉县的数十个地点。常常与肯氏兽类共生，是中三叠世中国肯氏兽动物群的重要成员和顶级杀手。

山西山西鳄属大型动物，头长可达 40 ～ 60 厘米，骨架全长约 300 厘米。头骨硕大而狭窄，侧面被一排五个大孔所占据，除了后部的侧颞孔和眼孔、最前端的鼻孔外，它有两个眼前孔，这是山西鳄独有的特征。上下颌具尖锐的牙齿，牙齿前后缘均有锯齿状结构，大小交错，这充分体现了它的肉食习性。但它的头后骨骼却有些粗笨，看上去不像可以快速奔跑的灵巧捕食者。人们推测它可以采用隐藏的战略，偷袭同一生态环境中以植物为食的肯氏兽类和杂食性的前棱蜥类。作为偷猎者它必定有敏锐的视力和嗅觉，它的大眼眶和端位的鼻孔可以证明这一点。

产自新疆吐鲁番中三叠统克拉玛依组的中国武氏鳄（*Vjushkovia sinensis*）化石
它和山西鳄一样有尖利牙齿，但只有一个眼前孔，它们同属引鳄科（Erythrosuchidae）

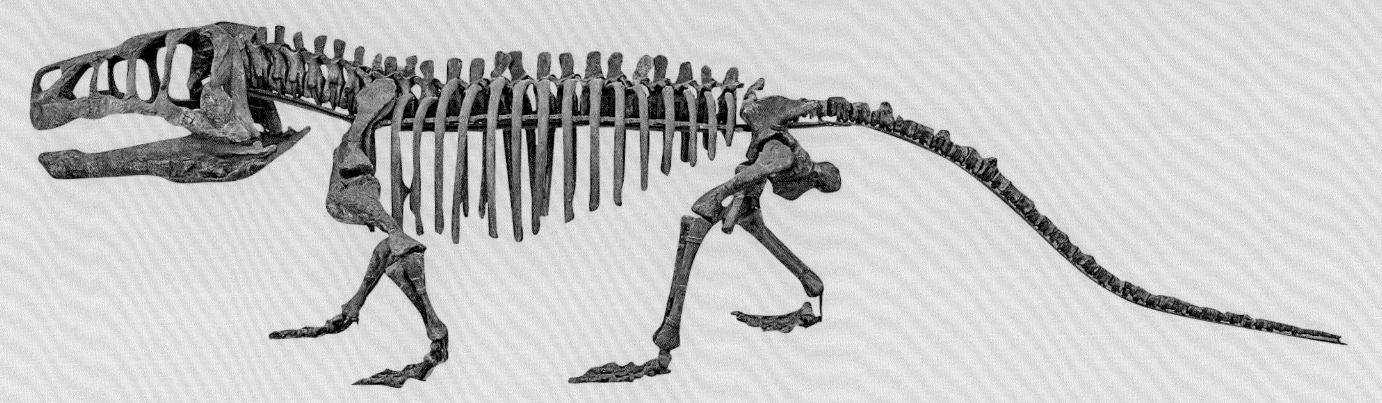

山西山西鳄（*Shansisuchus shansisuchus*）的复原骨架

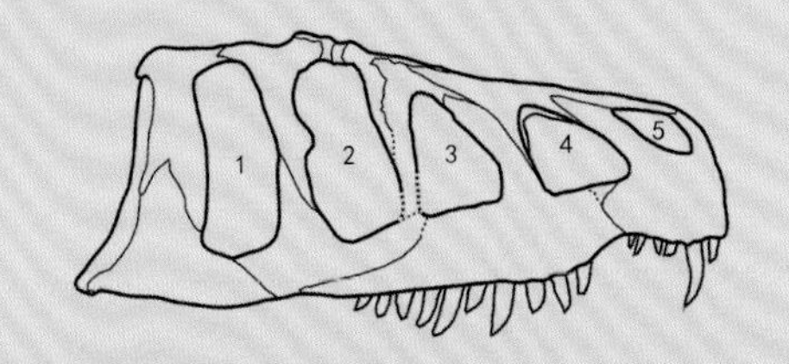

山西易县产山西山西鳄（*Shansisuchus shansisuchus*）化石照片及头骨侧视复原图

1. 侧颞孔；2. 眼孔；3. 第 1 眼前孔；4. 第 2 眼前孔；5. 外鼻孔

注意化石照片中头骨后部骨片位移致使侧颞孔未能显现

无牙芙蓉龙（*Lotosaurus adentus*）
——具超长背神经棘的波波龙类

芙蓉龙因产自湖南省（别称芙蓉国）桑植县芙蓉桥乡而得到这么一个和美丽花朵联系在一起的名字。在本书中它是一个非常特殊的存在，因除它之外所有其他详细描述的化石均产自中国北方广大地区（包括山西、陕西、河南、内蒙古、甘肃和新疆等省区），只有它孤零零地出现在长江之南。虽然它不属于中国北方的四足类动物群，但因其独特的骨骼特征和明确的系统分类位置，我们有必要对它进行详细的介绍。

芙蓉龙因具眼前孔和伸长的耻骨和坐骨等特征被认为是主龙类的一员，这一分类位置已被诸多的支序分析结果所证实。但芙蓉龙和绝大部分有尖利匕首状牙齿的主龙类不同，它的口中完全没有牙齿，前颌骨部呈喙状，推测它不是吃肉的动物，而是以植物为食。它前后足上的爪呈背腹扁平，这也不同于肉食动物侧扁钩状的用来抓住其他动物的尖锐的爪。芙蓉龙最引人注目的特征是它脊椎的神经棘非常高大，从颈椎一直延续到前部尾椎。背椎的神经棘最高可达35 厘米，呈下部稍有收缩的板状。推测在动物生活时这些棘突支撑着一层皮膜，在身体的背部中央形成一类似“船帆”状的构造。这一奇特的结构未见于其他的三叠纪的主龙类，却与二叠纪下孔类中的异齿龙（*Dimetrodon*）和基龙（*Edaphosaurus*）的背帆形态相似。对于异齿龙和基龙背帆的功能曾经有过热烈的讨论，有人认为这是一种心理武器，因怪异而吓退敌人，这一说法并不让人信服。有人认为这是雌雄异形的性别特征，但这并未获得充足的化石证据支持。有一种较为合理的推测：背帆是一种调节体温的装置，它增大了体表的面积，有利于热能的散失。在需要升高体温时，可将背帆转向太阳接收热能。也许芙蓉龙的背帆有着相同的功能。

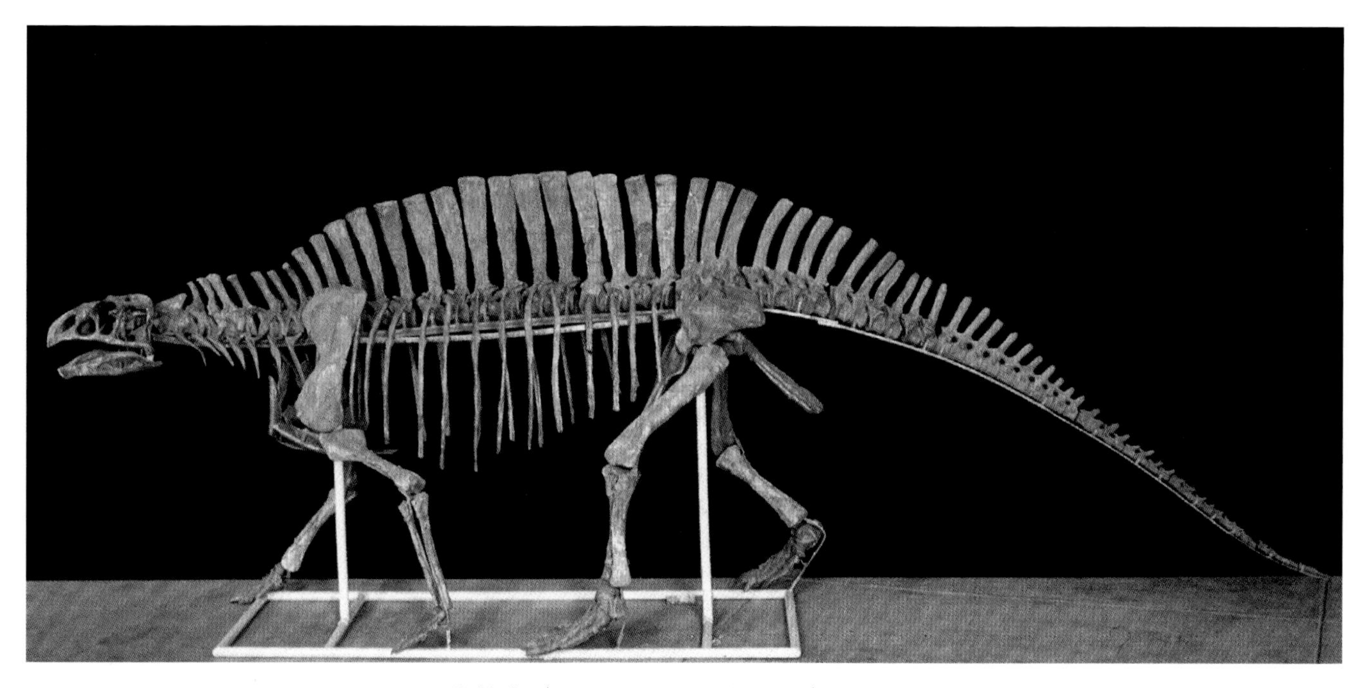

无牙芙蓉龙（*Lotosaurus adentus*）的复原骨架

芙蓉龙的研究历史和最新进展

1970 年，湖南省 405 地质队在野外地质调查中发现了一些脊椎动物化石，他们及时地把这一重要的信息通知了中国科学院古脊椎动物与古人类研究所（以下简称古脊椎所）。古脊椎所当即派员赶赴野外进行地质调查和化石发掘。随着化石修复和装架的完成，这一生活于两亿多年前的古动物以完美矫健的身姿出现在世人面前。初步的研究报告发表于 1975 年，化石被命名为无牙芙蓉龙。它的出现引起了人们的极大兴趣，也把一些未解的难题摆在人们的面前——它们的祖先是谁？它们的生存环境如何？它们的年龄到底有多大？为什么它们只出现在单一的地点？近年来，古脊椎所和湖南地质博物馆联合在原产地进行了进一步的发掘，发现仍有大量的骨化石在此地埋藏，含化石层厚 30 厘米，面积可达 90 平方米。在含化石层的上下均发育泥裂，在古土壤层中有钙质结核和叶肢介化石，它们指示了周期性的干旱与湿润交替的环境。据此推测芙蓉龙可能因气候干旱而大量死亡，随后被雨季的洪水短距离搬运至池塘中并被迅速掩埋。对沉积物中碎屑锆石绝对年龄测定的结果表明含化石层的时代比早先估计的要晚些，可能是拉丁期甚至卡尼期。

2015 年刘俊研究团队在湖南桑植芙蓉龙产地进行埋藏学研究

无牙芙蓉龙（*Lotosaurus adentus*）的生态复原图（李荣山 绘）

荣山

7. 恐头兽类（dinocephalians）

恐头兽类是最早出现在地球上的兽孔类之一。它们体型庞大，种类繁多，但在地史上生存的时间非常短，只出现于 2.7 亿～ 2.6 亿年前的中二叠世。最大的恐头兽类体长可达 5 米，估计体重约 2 吨。这类动物的典型特征是头骨的粗壮化——“恐头”二字就鲜明地体现了这一特征——在许多种类中头骨异常肿厚，有些种类具有角状结构，有些种类头顶呈凸起的圆形结构，骨片可厚达 10 厘米。另一个突出的特征是上、下颌门齿分别向前下方、前上方伸出且相互交叉，门齿齿冠不是简单的柱状，舌面上部有一明显的凹面，其下具齿踵结构。头骨和下颌之间的关节位置前移，下颌缩短。颞孔背腹向扩大，颞肌附着处向上向前扩展至顶骨和眶后骨的背面。

恐头兽类生存于中二叠世的劳亚大陆（俄罗斯和中国）和冈瓦纳大陆（非洲和南美洲）。主要包括两大类群：食肉的前卫龙类（anteosaurids）和食植物的貘头兽类（tapinocephalids）。虽然有的研究者认为前卫龙类可以营两栖生活，以鱼类为食，但它们结构粗大笨重的头骨、异齿型的齿列和细长的四肢证明它们是陆生动物，常常以同时代的貘头兽类或其他动物（如波罗蜥类、大鼻龙类）为食。已知最早的前卫龙类个体较小，到南非貘头兽组合带和俄罗斯 II 带时，前卫龙类成为已知最大的陆生肉食动物。这恰巧与陆生大型食植物者（貘头兽类和锯齿龙类）的出现同时，暗示捕食者和猎物有着共同进化的历程。

玉门中华猎兽（*Sinophoneus yumenensis*）
——中国目前唯一的恐头兽类

目前这种恐头兽类在中国的唯一代表只有唯一的产地——甘肃玉门大山口，但化石相当丰富，包括十余个完整或不完整的头骨和一些头后骨骼。这些头骨大小不等，最小的长度只有 12 厘米，最大的可达 32 厘米。把它们放在一起可以清楚地看到这种动物的个体发育过程：较小的头骨一般窄而高，眼眶前部短；较大的头骨宽度加大，眼眶前部加长。小型头骨结构轻巧，

玉门中华猎兽（*Sinophoneus yumenensis*）模式标本

头骨顶面视（左上图）、腹面视（右上图）和右侧视（下图）

中等大小的头骨变得粗壮，只有大型头骨才有明显的骨片加厚现象，如玉门中华猎兽正模眼眶周边肿胀的骨片。但从总体来看中华猎兽头骨的肿厚程度不如南非和俄罗斯的前卫龙类发育。

玉门中华猎兽具典型的前卫龙类的边缘齿列。门齿 4 ～ 5 对，它们向前突出且互相交叉；上下颌各有一枚犬齿，上颌犬齿异常大和尖锐，齿尖稍向后方弯曲，牙齿的前后边缘有小的锯齿构造；犬齿后齿 6 ～ 8 枚，为侧扁的矛尖状。玉门中华猎兽与其他前卫龙类的区别在于：它的前颌骨后背突中插入鼻骨的前突，前颌骨后背突末端分为左右两支；犁骨没有向上升起的长的边缘。

玉门中华猎兽（*Sinophoneus yumenensis*）复原（陈瑜 绘）

玉门中华猎兽（*Sinophoneus yumenensis*）的上下颌齿列

玉门中华猎兽（*Sinophoneus yumenensis*）完整头骨和下颌的左侧视

8. 二齿兽类（dicynodonts）

二齿兽类（广义）是地质历史上非常成功的一类四足动物。它们的生存时间长，从大约 2.6 亿年前的中二叠世一直延续至 2 亿年前的晚三叠世；分布范围广，踪迹出现于包括南极在内的地球上所有大陆；化石的数量和种类也极为丰富。二齿兽类（广义）可粗略地分为三个组成部分：一是仅发现于二叠纪的一些特征原始的（狭义）二齿兽类；二是晚二叠世至早三叠世的水龙兽类；三是中 - 晚三叠世的肯氏兽类。

1) （狭义）二齿兽类

二齿兽类顾名思义是仅有两枚牙齿的动物。发现于南非的最原始的始二齿兽（*Eodicynodon*）有一对加大的上颌犬齿，虽然所有的门齿都已缺失，但犬齿之后和下颌上都还保留有一列小齿。它们眼眶前部的长度缩短，颧弓向两侧张开，下颌关节处的结构允许下颌有前 - 后向的运动，增加动物进食的能力——所有这些都是二齿兽类典型的特征，它们被认定为二齿兽类的祖先是不让人感到意外的。

南非是二齿兽类的重要产地，它们在从中二叠统至下三叠统的各个层位中都有发现。早期的二齿兽类个体较小，与其共生的恐头兽类（dinocephalians）却有较大的个体，在生态环境中占据着主导地位。进入晚二叠世后，恐头兽类已彻底灭绝，二齿兽类得到充分的辐射发展。它们的个体加大，数量增加，种类繁多，是古生代末期数量最多的陆生四足类，是环境适应的成功者。南非卡鲁盆地不仅是它们生活的天堂，与它们同时生活于这片土地上的还有许多种食肉动物，如凶脸兽类（gorgonopsians）、兽头类（therocephalians）和犬齿兽类（cynodontians）的代表。二齿兽类的成功也为这些种类的成员提供了丰富的食物，使其同样得以辐射发展。除南非外，二叠纪的二齿兽类还发现于东非、印度、俄罗斯、中国和英国。但二叠纪末期发生了地史上规模最大的一次生物灭绝事件，二齿兽类在这次事件中几乎遭到了灭顶之灾，只有极个别的分子存留下来进入了三叠纪。

在研究二齿兽类的发展历史时，中国的化石起着不可或缺的作用。中国二叠纪的二齿兽类（狭义）主要发现于新疆的准噶尔盆地和吐鲁番盆地，在甘肃的肃南和内蒙古包头的大青山也有报道。这些材料被归入 4 属 6 种，它们与南非同时代的二齿兽类形态相似，有密切的亲缘关系。

天山双刺齿兽（*Diictodon tienshanensis*）
——双刺齿兽属在非洲之外的唯一代表

袁复礼教授在参加中 - 瑞中国西北考察团时，在新疆阜康白杨河地区晚二叠世地层中采集到一个基本完整的二齿兽类头骨，头长约 120 毫米，代表一中型个体。这一化石具明显的上颌

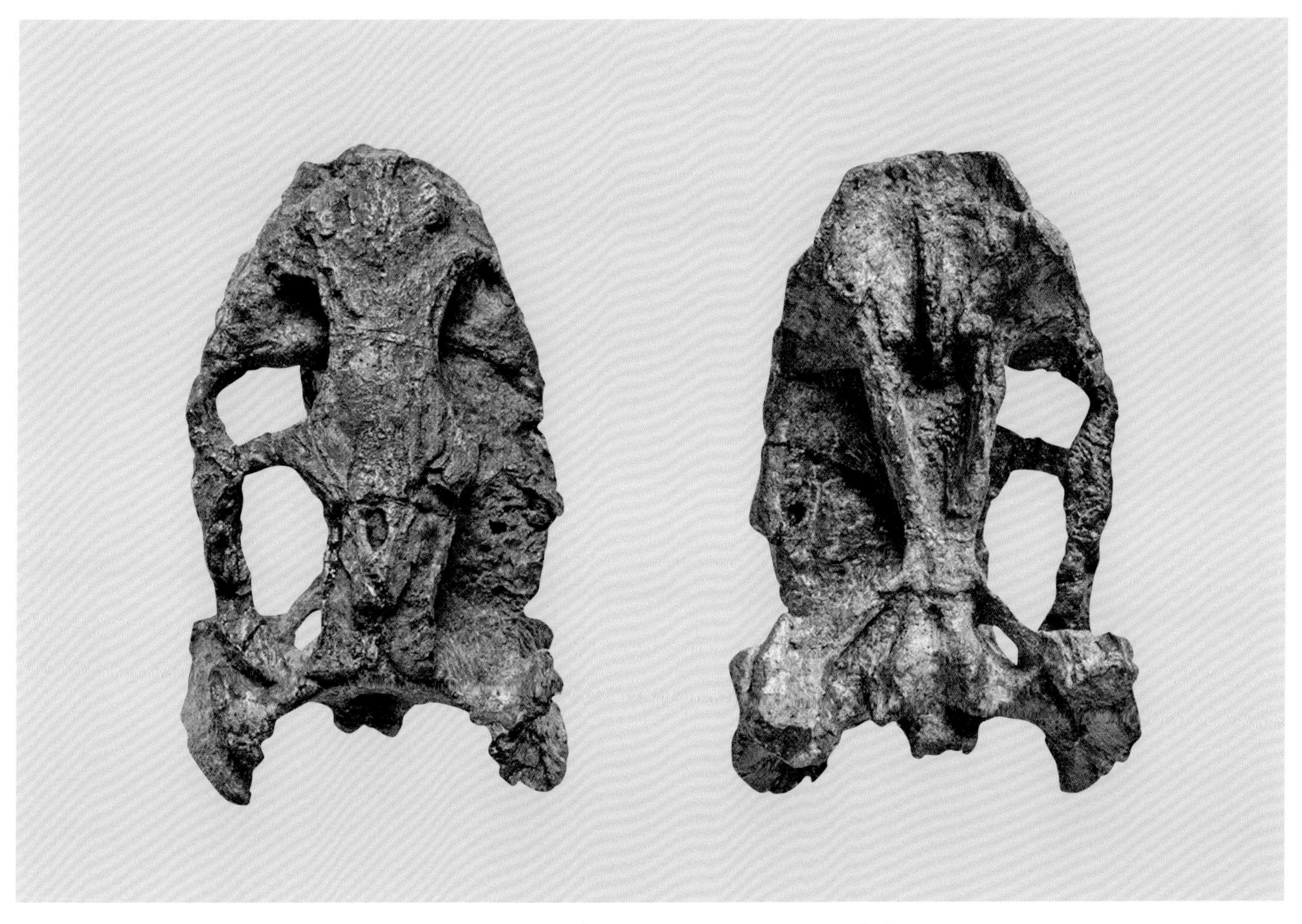

天山双刺齿兽（*Diictodon tienshanensis*）
头骨的背视（左图）和腹视（右图）

骨齿突，但其上并无牙齿着生；齿突前缘基部有一深的凹缺；头骨腭面在长的间翼凹的两侧有小的腭骨；下颌支背面圆钝，齿骨缝合部具槽状凹陷。这些特征与南非的双刺齿兽属的特征极为符合。考虑到新疆材料的额骨与顶骨在头骨顶面被后额骨所阻隔这一特征从未出现在其他化石材料中，它被保留了单独的种名——天山双刺齿兽。它是迄今为止该属在非洲大陆之外的唯一代表。

边缘大青山兽（*Daqingshanodon limbus*）
——华北地区上二叠统的第一种二齿兽类

华北地区晚二叠世的二齿兽类以边缘大青山兽为代表。化石是发现于内蒙古包头石拐区脑包沟组的一个小型头骨，头长 83 毫米，顶视近似椭圆形，除后部的鳞骨向外侧略有扩张外，最大宽度在眶后弓一线。吻端较尖，鼻骨纵向突起，在鼻孔上方形成鼻瘤。鼻骨与额骨在中线亦形成连续的纵向突起。头骨侧视可见上颌骨齿突短，其后缘向侧方扩展；前缘与颌缘平滑过渡，无凹缺，这与天山双刺齿兽形成明显的区别。大青山兽曾被国外的一些学者归入二齿兽属（*Dicynodon*），但它的个体小于后者，而且它的隔颌骨局限于外鼻孔之内，而二齿兽属的隔颌骨则出露在吻部的外表面。

2）水龙兽类（lystrosaurs）

晚二叠世的生物大灭绝后，出现了一个非常奇特的现象——早三叠世全球仅有两属二齿兽类被发现。其中的一属（*Myosaurus*）仅发现于南非和南极，另一属水龙兽（*Lystrosaurus*）则广布于南非、印度、中国、南极、俄罗斯、澳大利亚和老挝。二者之间区别明显，它们甚至不能被认为是有密切亲缘关系的两个属，这暗示它们是分别逃脱了古生代末的大灾难而存活下来的两个支系。20 世纪前半叶，在大陆漂移和板块构造理论尚未被普遍接受的时候，水龙兽在南北大陆的同时存在，为该理论提供了重要的证据。它们虽然能在水中生活，但不是海洋生物，

边缘大青山兽（*Daqingshanodon limbus*）
头骨的背视（左图）和腹视（右图）

无法越过宽广的大洋在北方的俄罗斯和南极之间传播。它们在这些大陆的存在应能反证出当时大陆是互相连接的。另外，水龙兽的广布可能与早三叠世全球范围的海进有关。海平面的上升使陆地上低洼的沼泽、三角洲的面积增加，为水龙兽提供了更多的生存空间。

水龙兽头骨的特征是吻部明显下伸，鼻孔的位置靠上——不在吻端，而是靠近眼眶。有的研究者认为鼻孔之下伸长的吻部可以使动物在水下搜索食物而不影响呼吸。有的研究者更推测在鼻孔的前缘有一肉质的瓣膜，当动物进入深水中时，瓣膜关闭。在 20 世纪相当长的时间内，人们推测水龙兽是活跃的游泳者，它们在水中消磨大部分时间，但后肢肌肉和运动学的研究不

水龙兽复原雕塑（傅维安 制作）

支持这一结论。头骨上与镫骨相连的一个小骨棒也证明水龙兽有与其他陆生爬行动物类似的听力——可以将头贴到地面上，以觉察地面传导的振动。当综合考虑这些因素时，人们不得不修改了过去的观点，认为水龙兽虽然在水中进食，但它们并不需要长时间地生活于水体中。

中国的水龙兽类化石仅发现于新疆的准噶尔盆地南缘和吐鲁番盆地，主要产自下三叠统的韭菜园组，目前共确认了水龙兽属的 5 个种。它们与南非的水龙兽间联系紧密，但仍存在一些明显的区别，如泪骨的形态不同，头骨表面的棱脊构造不如南非的化石发育，在中国的材料上均未见到清楚的额鼻脊等。支序分类学的分析表明，南非和中国两地的水龙兽（除个别种外）分别构成单系类群。

水龙兽作为一个在全球广泛分布的单一属，在一个相当长的时期内被看作是早三叠世的标准化石。随着研究工作的不断深入，在原来被认定为晚二叠世地层的新疆锅底坑组发现了水龙兽与二齿兽共生，研究人员把这段地层划为过渡带。因缺少绝对年龄的资料和与海相地层的对比依据，人们不得不仍然将水龙兽首次出现的层位作为三叠系的底界，即在锅底坑组的上部进入早三叠世。南非在类似的过渡带中获取了绝对年龄的数据，证明最早的水龙兽产生于晚二叠

中国科学院古脊椎动物与古人类研究所标本馆中收藏的部分水龙兽头骨

世，它们确实是逃过那场地球历史上最大规模灭绝事件的幸运儿。那中国是否有晚二叠世的水龙兽呢？我们只能拭目以待。

赫氏水龙兽（*Lystrosaurus hedini*）
——中国最早的水龙兽骨架

赫氏水龙兽定名于 1935 年，虽然它不是中国的第一个水龙兽种，但它的化石同样是袁复礼教授参加西北科学考察时在准噶尔盆地发现的，它也是目前中国唯一一个头骨与头后骨骼一道保存的水龙兽的种。赫氏水龙兽的头骨较窄，头上无额骨节瘤和明显的横向额鼻脊，额骨和吻部具纵向的中央脊。前颌骨平面与额骨平面间夹角大，弯曲不强烈，吻部伸向前下方。与此同时，正模头骨还显示了一些令人费解的特征，如吻部的前缘在前颌骨和上颌骨接触的部位强烈地向后凹入，形成一湾状构造；枕面在枕髁之上不是单一的枕骨大孔，而是出现了两个孔，上枕骨在两孔之间形成一横向的中隔。

赫氏水龙兽（*Lystrosaurus hedini*）骨架

杨氏水龙兽（*Lystrosaurus youngi*）
——小型水龙兽的代表

1963 年，中国科学院古脊椎动物与古人类研究所新疆考察队在准噶尔盆地和吐鲁番盆地的下三叠统韭菜园组中采到一批水龙兽化石。依据其中一个完整的头骨建立了水龙兽的一种——杨氏水龙兽。它的正模头骨较小（头长 122 毫米），额骨表面平滑或有零散的凹坑，额鼻部呈弧状弯曲。眼孔大，鼻孔位置靠前，没有明显的鼻孔后沟。上颌骨齿突向前下方伸出，牙齿不大。杨氏水龙兽与南非的弯曲水龙兽（*Lystrosaurus curvatus*）头骨外形非常相似，有人主张将前者归入 1876 年建立的弯曲种中。这一归并没有被接受，因为它未考虑杨氏种具有中国水龙兽共有的特征——泪骨上突插入到额骨和鼻骨之间。

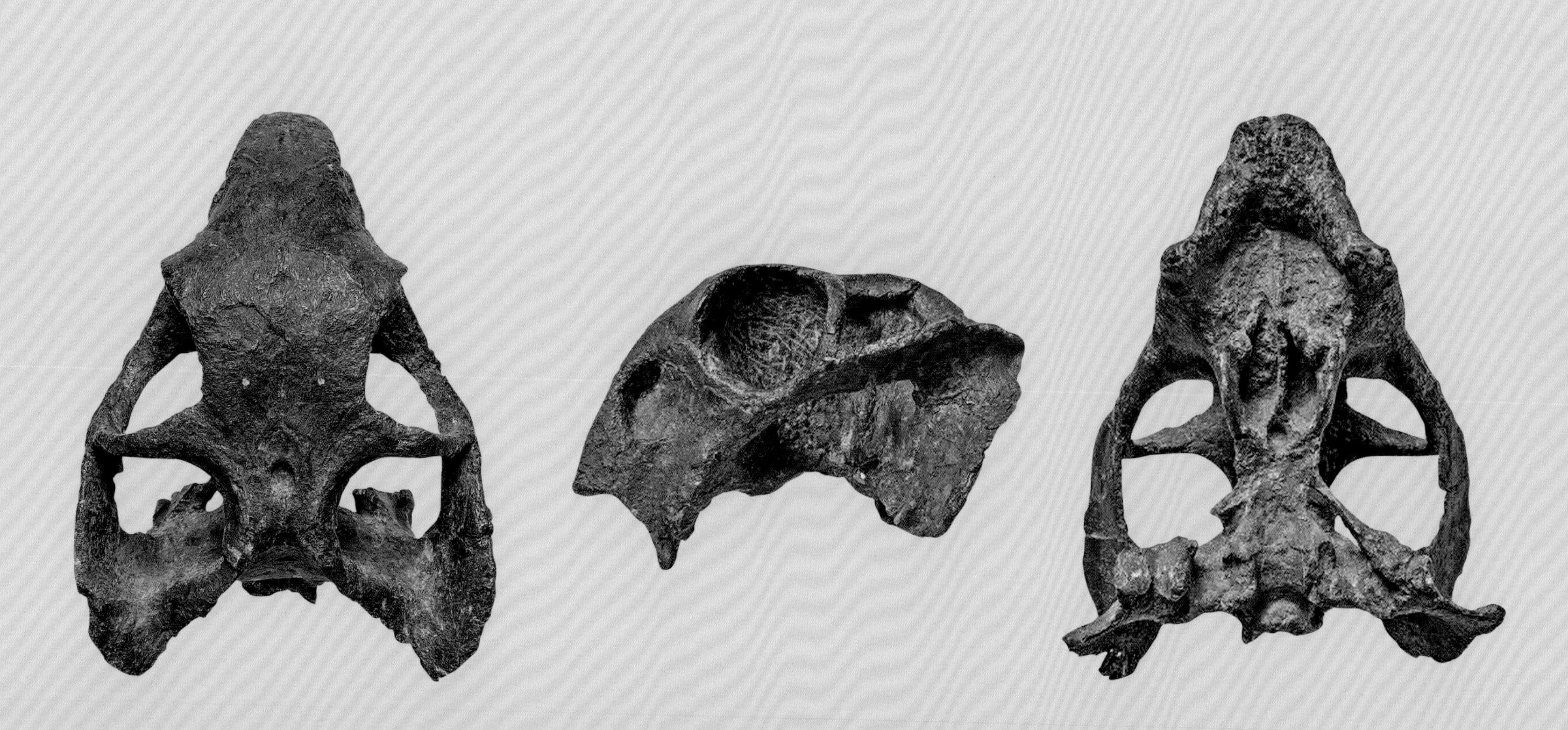

杨氏水龙兽（*Lystrosaurus youngi*）
头骨顶视（左图）、左侧视（中图）及腹视（右图）

3）肯氏兽类（kannemeyeriids）

经过了种群的低谷后，二齿兽类在早三叠世末期—中三叠世又迎来了辐射发展高潮，有为数众多的属种被确立。它们发现于南非、东非、中国、俄罗斯和南美等地，常常被统称为肯氏兽类（kannemeyeriids）。研究人员认为因早三叠世的水龙兽和另一种二齿兽（*Myosaurus*）都过于特化，它们不可能是肯氏兽类的祖先。它的祖先应是一种高地类型，遗憾的是它们并未形成化石，未留下任何痕迹。肯氏兽类是一类三叠纪时特化了的中 - 大型二齿兽。它们和其祖先类型一样，是以植物为食的动物。一般成体身长 2 ～ 3 米。具硕大的头颅、短的颈部、桶状的身躯和短小的尾部。它们的前肢粗壮，呈匍匐状（趴伏状）；后肢较前肢轻巧，呈半直立状。头骨上吻部伸长，而眼孔之后部分的长度缩短。下颌短而粗壮，尤其是前端的齿骨缝合部。四肢骨在很多方面已经具有了哺乳动物的性质，如肩胛骨上隆起的肩峰（acromion），很明显地从股骨近端分化出来插入髋臼的股骨头，耻骨上方极发育的肘突（olecranon）等。与中 - 大型肯氏兽类同时生存的还有一类体型较小、特征原始的二齿兽类，它们的特征是头骨较宽，具短而钝且向下方延伸的吻部，其上往往具突出的纵脊。化石发现于中国、东非和南美，它们形成肯氏兽类中一独特的族群，可以被称为山西兽类，以发现于山西武乡和榆社的山西兽（*Shansiodon*）为代表。

从肯氏兽类的身体结构看，它们似乎不是行动迅速和活跃的动物。它们有稳定的身体前部和强壮的后肢，足迹非常宽，身体的重心接近于地面。它们可能在植物繁茂的地区游荡，不停地进食，但不能以高速的奔跑逃脱被捕食的命运。那么它们是如何逃跑的呢？研究者推测，与肯氏兽类同时代的食肉动物也是外温动物。它们虽然身体灵活矫健，但同样不能承受长距离高速度的奔跑，只能躲藏起来等待猎物走近，然后猛地冲出来抓住食物。为了避免这悲惨的一幕发生，肯氏兽类可能需要有灵敏的感觉器官尽早地发现附近的食肉动物，躲避风险，也许被迫钻入洞穴躲藏起来。

晚三叠世时肯氏兽类已从非洲和欧亚大陆绝迹，它们仅被发现于北美洲和南美洲。这些晚期的类型仍然体型巨大。它们最大的特点是仅有的一对犬齿也消失了，而头骨前部的齿突却明显加大。肯氏兽类在三叠纪末期彻底从地球上消失了。三叠纪是全球逐渐干旱的时期，干旱导

肯氏兽复原雕塑（傅维安 制作）

致坚韧的抗脱水植物产生，这直接影响了以它们为食的动物的命运。

广义的二齿兽类在中二叠世至晚三叠世漫长的 6000 万年中，曾经繁荣，曾遭厄运，曾再度崛起，但最终没有逃脱灭绝的命运。它们并未留下后代，虽然它们的近亲犬齿兽类中的一支最后发展为哺乳动物。

中国的肯氏兽类化石丰富，种类较多，到目前为止共确认了 5 属 13 种。除新疆中三叠统克拉玛依组的西域肯氏兽（*Xiyukannemeyeria*）外，其余种属均发现于鄂尔多斯盆地的周边地区，包括个体较小且原始的山西兽、较大型的陕北肯氏兽（*Shaanbeikannemeyeria*）、中国肯氏兽（*Sinokannemeyeria*）和副肯氏兽（*Parakannemeyeria*）。其中产自二马营组底部的陕北肯氏兽与南非的肯氏兽属（*Kannemeyeria*）及俄罗斯的乌拉尔肯氏兽（*Uralokannemeyeria*）最为相似，有关这一层位的时代是早三叠世还是中三叠世仍然存在争议。而中国肯氏兽和副肯氏兽产自二马营组的中上部和铜川组。有趣的是中国肯氏兽的头骨属宽吻型，而同一层位的副

三种肯氏兽类的头骨
左图：长头副肯氏兽（*Parakannemeyeria dolichocephala*）头骨；中图：程氏副肯氏兽（*Parakannemeyeria chengi*）头骨；
右图：宁武副肯氏兽（*Parakannemeyeria ningwuensis*）头骨和下颌

肯氏兽属窄吻型。也许正像有的研究者所推测的：它们食用不同种类的植物。与这些肯氏兽类共生的有形形色色的兽头类、犬齿兽类和主龙形类的成员。

银郊中国肯氏兽（*Sinokannemeyeria yinchiaoensis*）
——具粗壮型头骨的肯氏兽类

中国的肯氏兽类化石最早发现于山西的武乡和榆社，1937 年杨钟健先生依据头骨碎块和一些零散的头后骨骼建立了皮氏中国肯氏兽（*Sinokannemeyeria pearsoni*），这是中国的第一个肯氏兽属种。中华人民共和国成立后的 1955 ～ 1956 年，中国科学院古脊椎动物研究室在武乡和榆社开展野外调查，找到大量的肯氏兽类化石。不仅丰富了皮氏种的材料、修订了该种的鉴别特征，还依据另一完整的头骨和部分头后骨骼建立了一个新种——银郊中国肯氏兽。银郊种

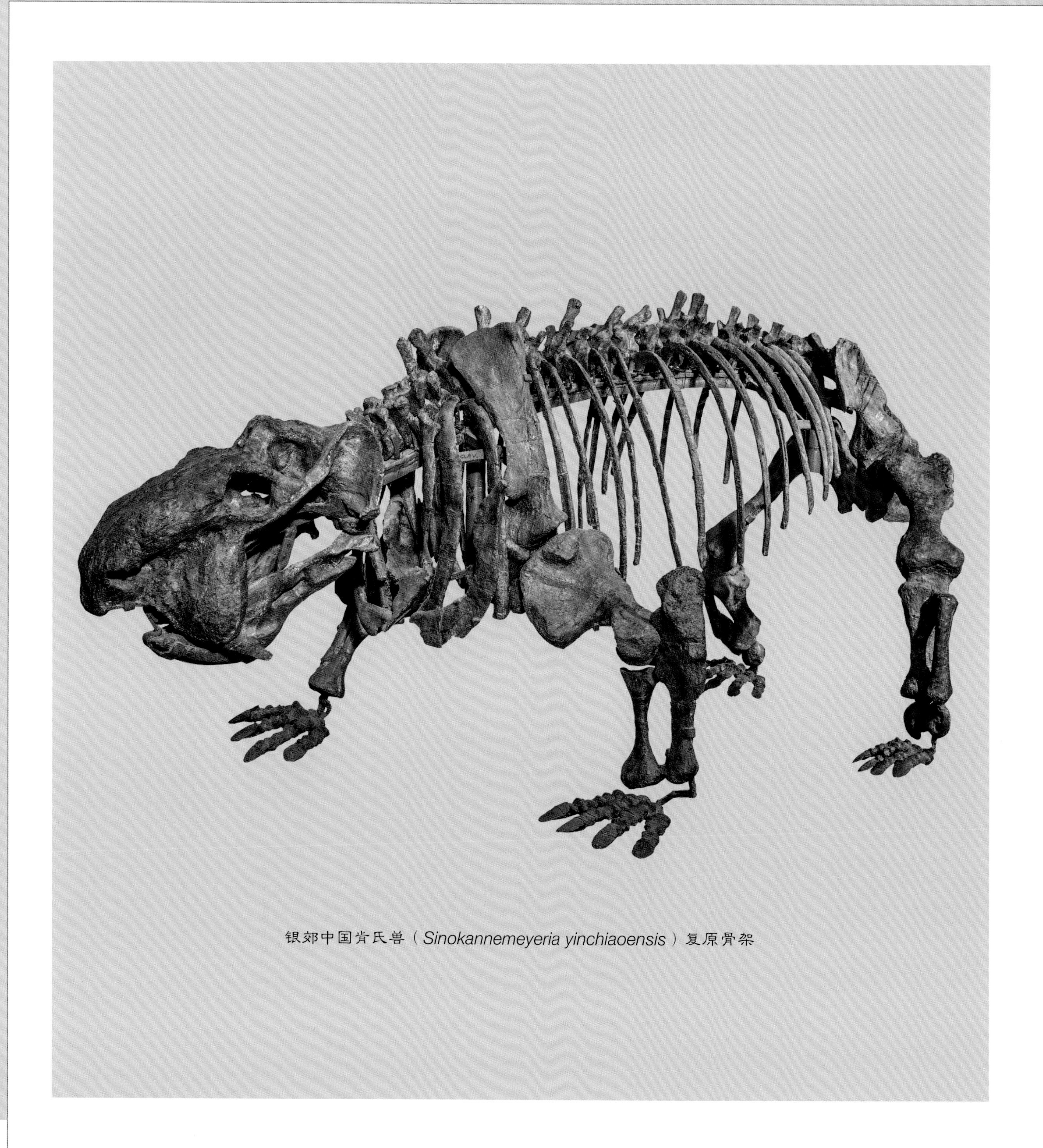

银郊中国肯氏兽（*Sinokannemeyeria yinchiaoensis*）复原骨架

的头骨大而沉重；眼孔朝向侧方，两眼眶之间的距离宽，可达头骨长度的 47%；间颞部短而宽，横断面呈凹形；上颌骨齿突极肥大、强壮，长牙发育；枕部宽而低，枕高仅及枕宽的 42%。

长头副肯氏兽（*Parakannemeyeria dolichocephala*）
——具窄高型头骨的肯氏兽类

1960 年建立的长头副肯氏兽是副肯氏兽属的属型种。副肯氏兽属在山西榆社、武乡等地常常与中国肯氏兽共生，但它的化石更丰富，目前已确认了 5 个种。它的分布范围也更广，除了山西、陕西的二马营组外，还发现于新疆吉木萨尔的克拉玛依组，它是目前唯一的同时出现于中国北方陆相三叠系这两大产地的肯氏兽类的属。副肯氏兽和中国肯氏兽一样也属大型的肯氏兽类，但它的头骨较长，且窄而高。两眼眶之间的距离小于头骨长度的 40%。三角形的上颌骨齿突大，但较薄。长牙大而粗壮，向下方伸出。间颞部较窄，由眶后骨形成短而低的顶脊，间顶骨和顶骨在头顶不暴露或很少暴露。枕面高而窄，枕高超过枕宽的 60%。

短吻西域肯氏兽（*Xiyukannemeyeria brevirostris*）
——二齿兽类幼体群居的第一例实证

短吻西域肯氏兽产自新疆阜康黄山街中三叠统的克拉玛依组。这是一种中等大小的肯氏兽类，吻部短且弯曲向下。上颌骨齿突大而厚，但牙齿短小。枕面属高窄型，枕高为枕宽的 60%。最初的研究者认为它与山西产的杨氏副肯氏兽（*Parakannemeyeria youngi*）非常相似，将其归入副肯氏兽属，定名为短吻副肯氏兽（*Parakannemeyeria brevirostris*）。但进一步的研究发现它与副肯氏兽属之间还是存在很多差别，如它的眼前部非常短，眼眶较长，翼骨间孔小，枕髁三分明显，间颞部比较宽等。2003 年对中国已知的中国肯氏兽和副肯氏兽的所有种进行了支序分析，结果显示中国肯氏兽和除短吻种之外的副肯氏兽分别形成单系，短吻种与这两个单系形成姐妹群关系。因此，短吻种被归入一新定的西域肯氏兽属。

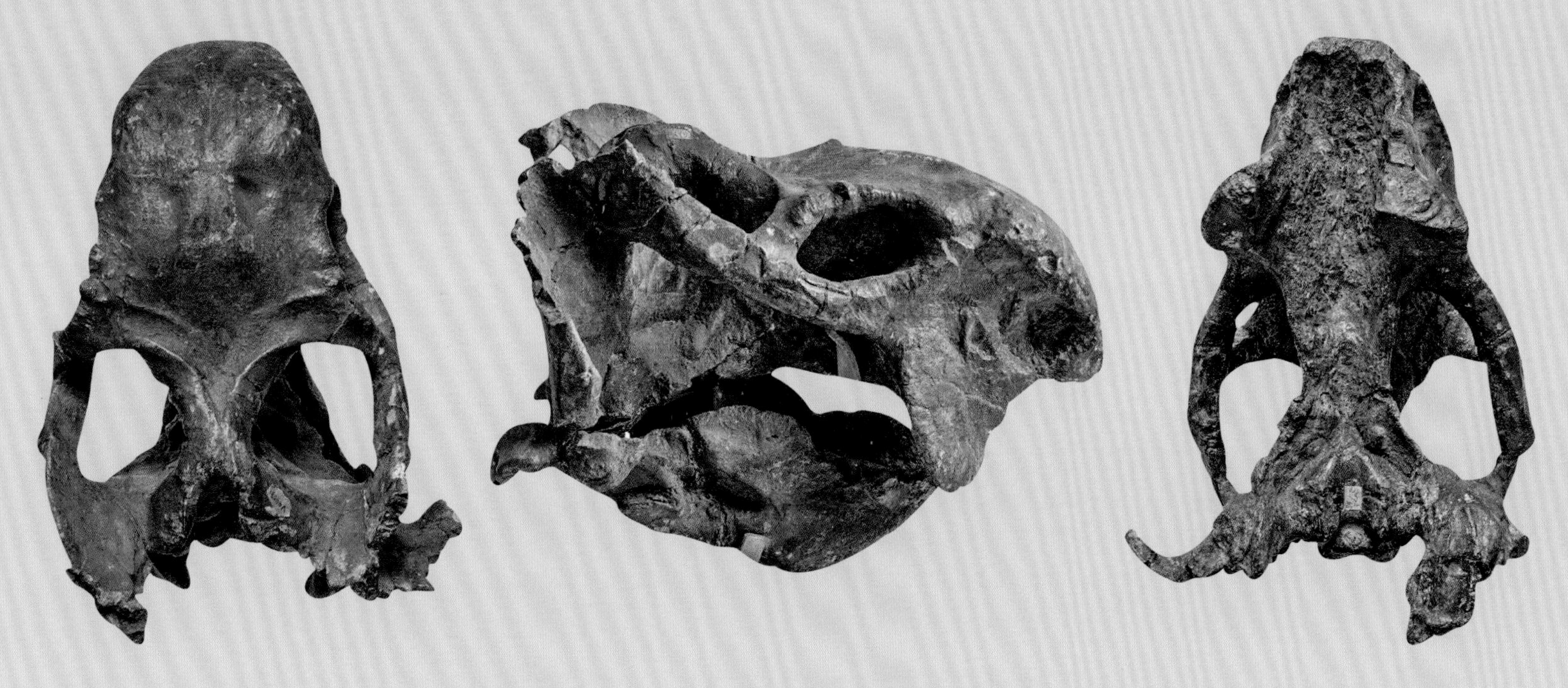

短吻西域肯氏兽（*Xiyukannemeyeria brevirostris*）
头骨顶视（左图）、腹视（右图）及头骨和下颌右侧视（中图）

“九龙壁”

短吻西域肯氏兽这一名称，即使对古生物爱好者来说也是相当陌生的，而化石“九龙壁”的知名度则要高得多。要知道短吻种的正模是一单独的头骨和下颌，其副模恰恰就是“九龙壁”上的九个骨架。下面就用较多的笔墨介绍鼎鼎大名的化石“九龙壁”。

1963 年深秋，在野外工作即将结束时，中国科学院古脊椎动物与古人类研究所新疆科考队队员在阜康黄山街三叠系克拉玛依组中发现了化石线索。地表有很多骨化石碎块，顺此线索探寻，找到了含化石的原始层面。继续向下探寻，人们首先看到一个骨架的腰部和尾部，再向前露出了完整的身体和头部。骨架趴卧在呈 50° 倾斜的岩层之上，为了方便进一步的工作，队员们不得不从地面开挖一条深而长的壕沟。可以想象暴露工作是在小心翼翼和无比兴奋的状态下进行的，也许还伴随着一次次的欢呼，每一次的欢呼就标志着一个肯氏兽类幼体骨架的出现。当发掘的化石块达到长 7 米、宽 2 米时，共有 9 个骨架陆续呈现出来。其中有几个骨架排列在一起，头骨朝向一个方向；有的则方向相反，头骨和头骨亲密地依偎在一起；最左侧的两个骨架尾尾相对，好像在“幸福地”安睡。这两亿多年前的四足动物在科考队员们的眼中，堪比北京皇家园林中那腾飞的九条彩龙。自此，自然遗存的“九龙壁”诞生了。在瑟瑟寒风中，人们无法完成化石的最终发掘，只得用石膏敷在化石表面，用碎石将岩块重新掩埋。队员们怀着依依不舍的心情结束了这个科考季节。次年，在机械化程度不高，大部分依靠人力的情况下，科考队员们花费了极大的努力才把这重达九吨的岩壁装上卡车，运回北京，永远地落户于中国科学院古脊椎动物与古人类研究所。

与同时代生活于鄂尔多斯盆地的中国肯氏兽和副肯氏兽比起来，西域肯氏兽的吻部比较短，被命名为“短吻种”。科研人员在研究二齿兽类时认为：吻部的加长是嗅觉灵敏的体现。如果这一推测正确的话，短吻西域肯氏兽则保持了原始性，与二叠纪的二齿兽类和早三叠世的水龙兽一样，嗅觉不大灵敏。但相比之下短吻西域肯氏兽却有相对更大的眼孔，表明生活时它有一对大的眼睛，视力良好。但遗憾的是西域肯氏兽与同一家族的兄弟属种一样，眼孔面向头骨两侧，没有向前方的偏转，它们的视力不能在前方聚焦形成更好的视野。肯氏兽类的头骨后部有一粗壮的镫骨，但对它是否有鼓膜，研究人员争论不休。目前大家比较统一的认识是：它们感知空气中声波的能力并不强，很可能像一些食肉动物一样，将头骨贴于地面，感知地面传导的振动。“九龙壁”上的动物大小相似，身长只有 1.3 ～ 1.4 米，头骨上的骨缝非常清晰，四肢骨骼的关节面发育尚不完善，这些特征表明它们是一窝未成年个体。

广义的二齿兽类化石发现于包括南极洲在内的世界各大陆，种类繁多且数量极大。但它们被发现时往往是单个骨架、头骨或零散的骨块。“九龙壁”是这类化石第一次成窝的发现，

远观“九龙壁”化石点（红色箭头所指处）

“九龙壁”的发掘过程

1. 科考队员在新疆野外寻找化石

2. 原地暴露出保存在岩层面上的 9 个化石骨架

5. 将木框套在含化石的岩块上

6. 将套箱从原地吊起

3. 盖上一层石膏，保护化石

4. 制作套箱的木框

7, 8. 科考队员将化石套箱抬下山

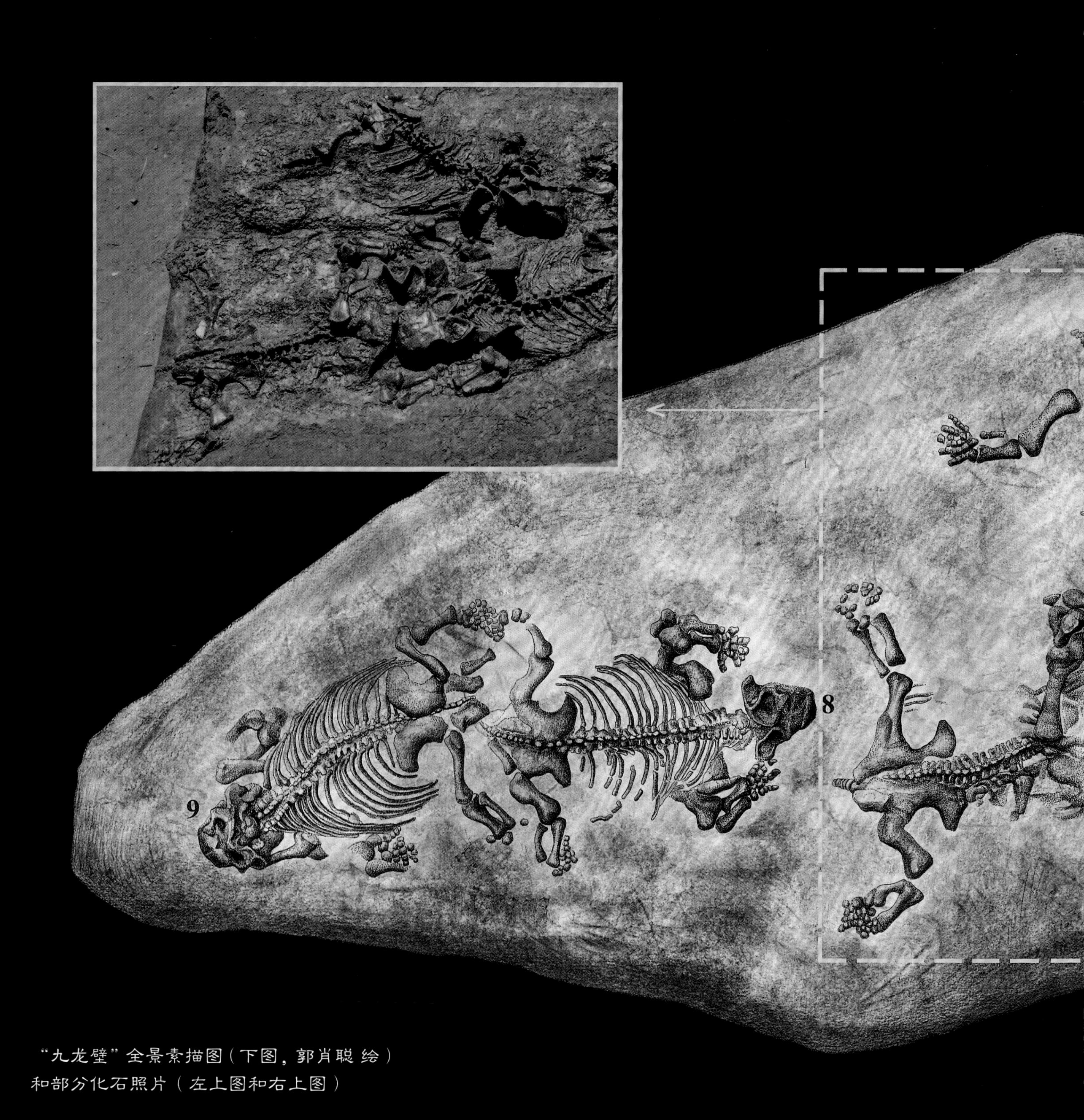

“九龙壁”全景素描图（下图，郭肖聪 绘）
和部分化石照片（左上图和右上图）

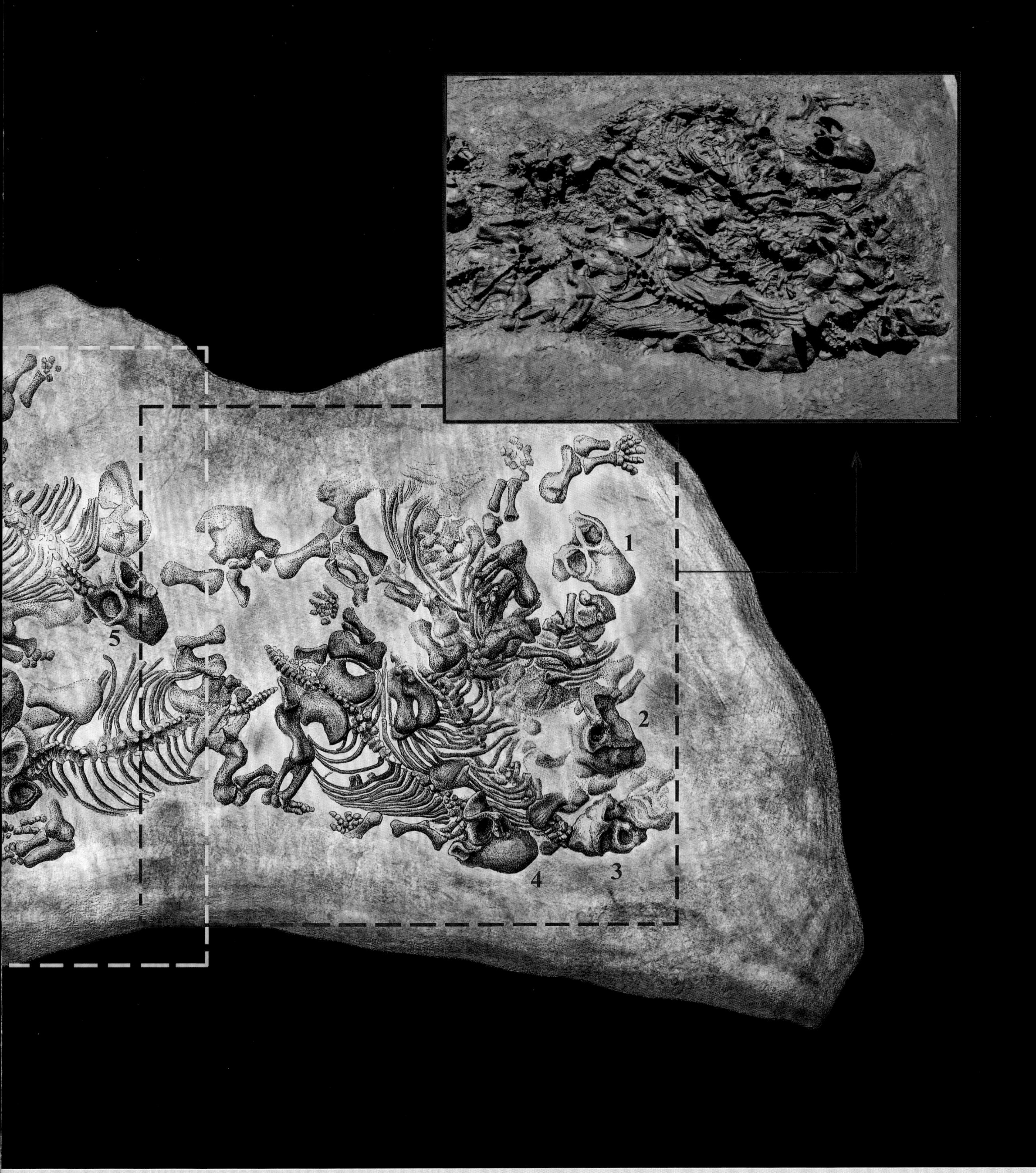
1
2
3
4
5

因此具有重要的生物学意义。这些幼体大小相近，人们很容易推测它们是同一家族同时出生的兄弟姐妹——或是一窝羊膜卵同时孵化，或是母体一次产出；也不排除是同一家族的雌性个体同时产卵或产出幼崽，这些幼小的后代受到家族的共同抚育。从出生时的极小个体直至长到 1.3 ～ 1.4 米的体长，它们显然是生活在一起的。“九龙壁”是二齿兽类幼体群居的第一例实证（不管是一母所生，还是多个母体的后代）。作为植食动物，它们位于食物链的较低位置，必须有极大的数量才能为食肉动物提供足够的食物，同时使自己的种群得以延续，保持生态的平衡。虽然目前没有亲子哺育的直接证据，在 9 个幼体的旁边没有发现成体的骨架，但这一化石群体是否能作为间接的证据呢？设想，如果没有双亲对它们的哺育和保护，这 9 个幼小的动物有什么必要，又有什么可能生活在一起呢？还有什么比双亲有更大的凝聚力呢？因此“九龙壁”为二齿兽类的幼体群居提供了直接的证据，为亲子哺育提供了间接的证据。

研究者对“九龙壁”的形成有着较为一致的看法：它们是在意外情况下集体死亡，迅速被掩埋后形成化石。但对于是什么样的意外引起它们的死亡，当时又是什么样的具体场景却因缺少事实依据而众说纷纭。

——也许，这 9 个幼小的动物正在水边觅食，忽然之间大雨倾盆，它们惊恐地围拢在一起寻求彼此的保护，但洪水裹挟着泥沙将它们冲向低洼的地方迅速掩埋。

——也许，肯氏兽类将“家”安置在靠近水体的低洼地带，当洪水来临时，这 9 个幼小的动物正在它们的“家”中幸福地安睡，它们就在睡梦中迎来了生命的终结。

——也许，为了躲避凛冽的北风和严寒冰冻，它们正在父母掘好的洞穴中冬眠，而洞顶的突然坍塌或水流的突然灌入带来了灭顶之灾，使它们来不及逃亡，因而长眠于地下两亿多年。

“九龙壁”发现于新疆阜康中三叠统的克拉玛依组。该组地层与其上的黄山街组、其下的烧房沟组整合接触。主要由灰色、灰绿色砂岩、粉砂岩、泥质砂岩组成，底部含棕红色泥岩、泥质砂岩和细砂岩。这是一套在半干旱 - 湿润气候条件下形成的湖泊沉积。地层中含丰富的植物化石，除高大的银杏类植物楔拜拉和陕西舌叶外，以蕨类和种子蕨类植物为主，包括拟丹尼蕨、束脉蕨、似托第蕨、异脉蕨、支脉蕨、丁菲羊齿、木贼和新芦木等。如此繁茂的植物生长于湖泊或河流的岸边，为漫步其间的肯氏兽类提供了丰富的食物。

9. 兽头类（therocephalians）

兽头类是兽孔类中一个进步且比较多样化的类群。早期的成员是个体较大的肉食动物，头骨长度可达 20 ～ 30 厘米。齿列中最为突出的是上下颌犬齿。上颌门齿数（5 ～ 7 枚）常常多于下颌门齿（3 枚）。由于未见上下门齿的交叉现象，研究者们推测它们无法切碎食物，在进食时只能采取撕碎食物的方法。原始兽头类化石发现于南非和俄罗斯，它们在中二叠世南非的貘头兽组合带之后就从地球上消失了。

中期阶段是一些体型较小普通的兽头类（食肉或食昆虫）和一些特化的新种类。在特化的类型中，有的动物头骨结构的改变（如犬齿后齿列被角质化的齿板所代替，间翼骨腔关闭，上翼骨加宽）使头骨具有更强的抵抗颌肌活动的能力。推测它们可能是像鬣狗一样的食腐动物，可以用像坚果钳子那样的颌骨压碎动物尸体的骨头。在另外一种动物头骨中，固着颌肌的眶后棒和颧弓都较弱，它不具强的咬噬能力，但犬齿的外侧有一道沟，暗示上颌毒腺的存在。这种动物可以像毒蛇一样攻击对手，捕获食物。

进步的兽头类大部分被归入植食性的包氏兽类（baurioids）。它们具兽头类的典型特征：颞孔向内侧扩展，间颞区变窄，常常形成一个由顶骨组成的高的顶脊；具一对由腭骨、翼骨和外翼骨所包围的大的眶下孔。它们还具有一些与哺乳动物祖先类型犬齿兽类平行发育的特征：由上颌骨在腭面相遇形成的次生腭；眶后棒不完整；犬齿后齿横向加宽，齿冠由一大的唇侧尖和一列小的舌侧尖组成。当上下颌咬合时，上颌齿的前缘与其相对的下颌齿后缘接触，切碎或磨碎食物。推测包氏兽类以粗纤维的植物为食。它们生存于二叠纪晚期和三叠纪，分布于南非、俄罗斯、中国和南极。

中国已记述了 9 属 10 种兽头类，从数量上看确实不少，但兽头类的化石却说不上丰富。因为几乎每一种都是建立在单一标本的基础上，大部分是不完整的头部骨骼。这些化石分布于新疆、内蒙古、河南、山西和陕西。中国尚未发现原始阶段的兽头类，只有中等进化的付氏大龙口兽（*Dalongkoua fuae*）、王氏石拐颌兽（*Shiguaignathus wangi*）和贾氏九峰兽（*Jiufengia jiai*）产自上二叠统，其余的均发现于三叠纪地层，属晚期较进步的包氏兽类。下面将要介绍的都属这一类群。

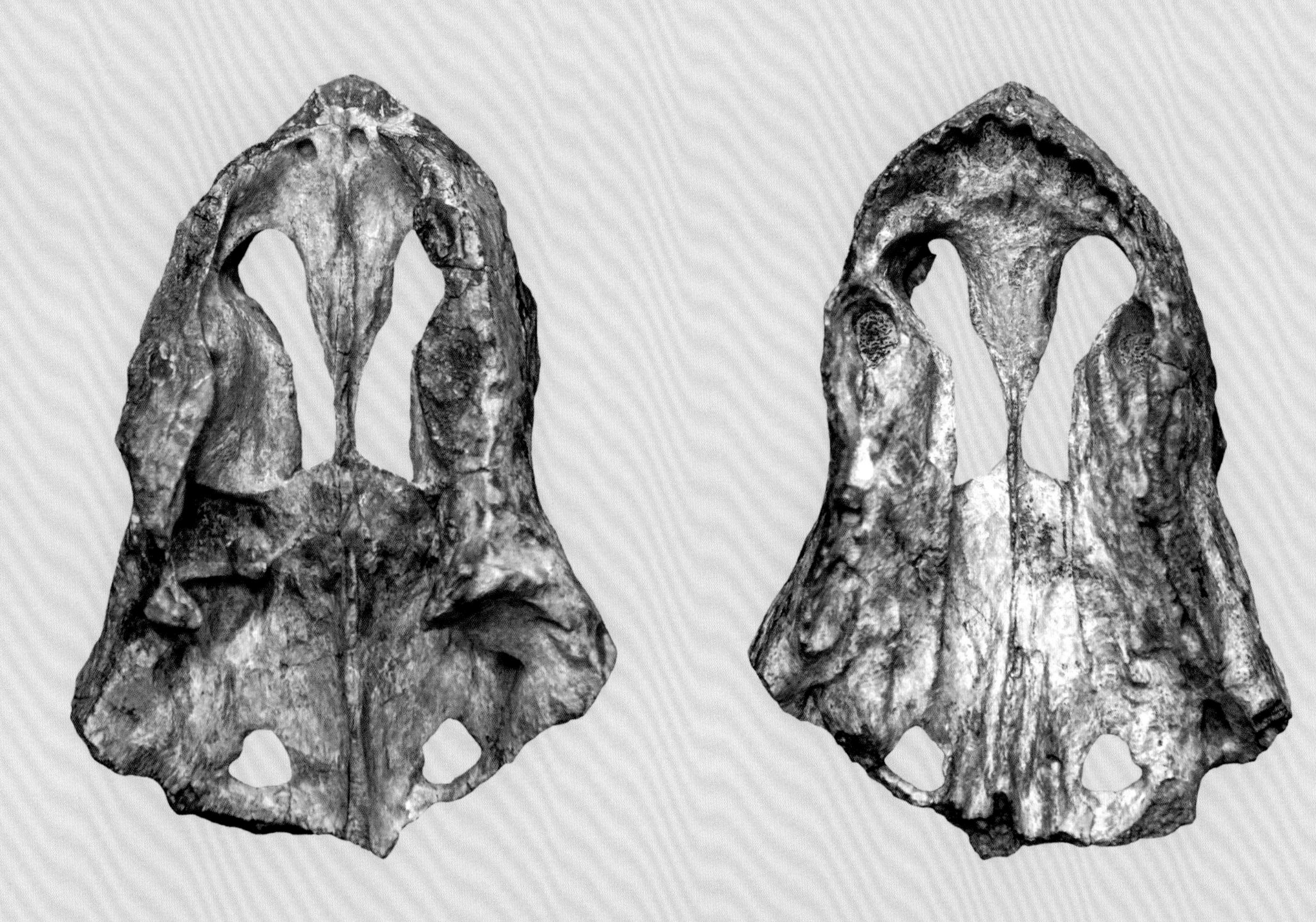

王氏石拐颌兽（*Shiguaignathus wangi*）
不完整头骨的背视（左图）和腹视（右图）

贾氏九峰兽（*Jiufengia jiai*）
头骨和下颌顶视（左图）、左侧视（中图）和腹视（右图）

李氏乌鲁木齐兽（*Urumchia lii*）
——中国发现和确立的第一种兽头类

中华人民共和国建立之初的 1951 年，新疆地质调查所的李逢源先生将他早年发现于新疆乌鲁木齐妖魔山韭菜园组的一个不完整头骨带到北京，赠送给中国科学院古脊椎动物研究室，请杨钟健先生鉴定。该化石的吻部高而强壮，向前突出明显。它的齿式为门齿上 6 下 4，犬齿上 1 下 1，犬齿后齿上 5 下 10。与进步的包氏兽类比较，它的眶后弓仍保持完整，犬齿后齿侧扁，牙齿排列稀疏。研究者认为它与南非的雷氏兽（*Regisaurus*）相似，但次生腭比后者短。它被归入兽头类，为感谢化石的发现者，被定名为李氏乌鲁木齐兽。这一发现将兽头类的分布范围

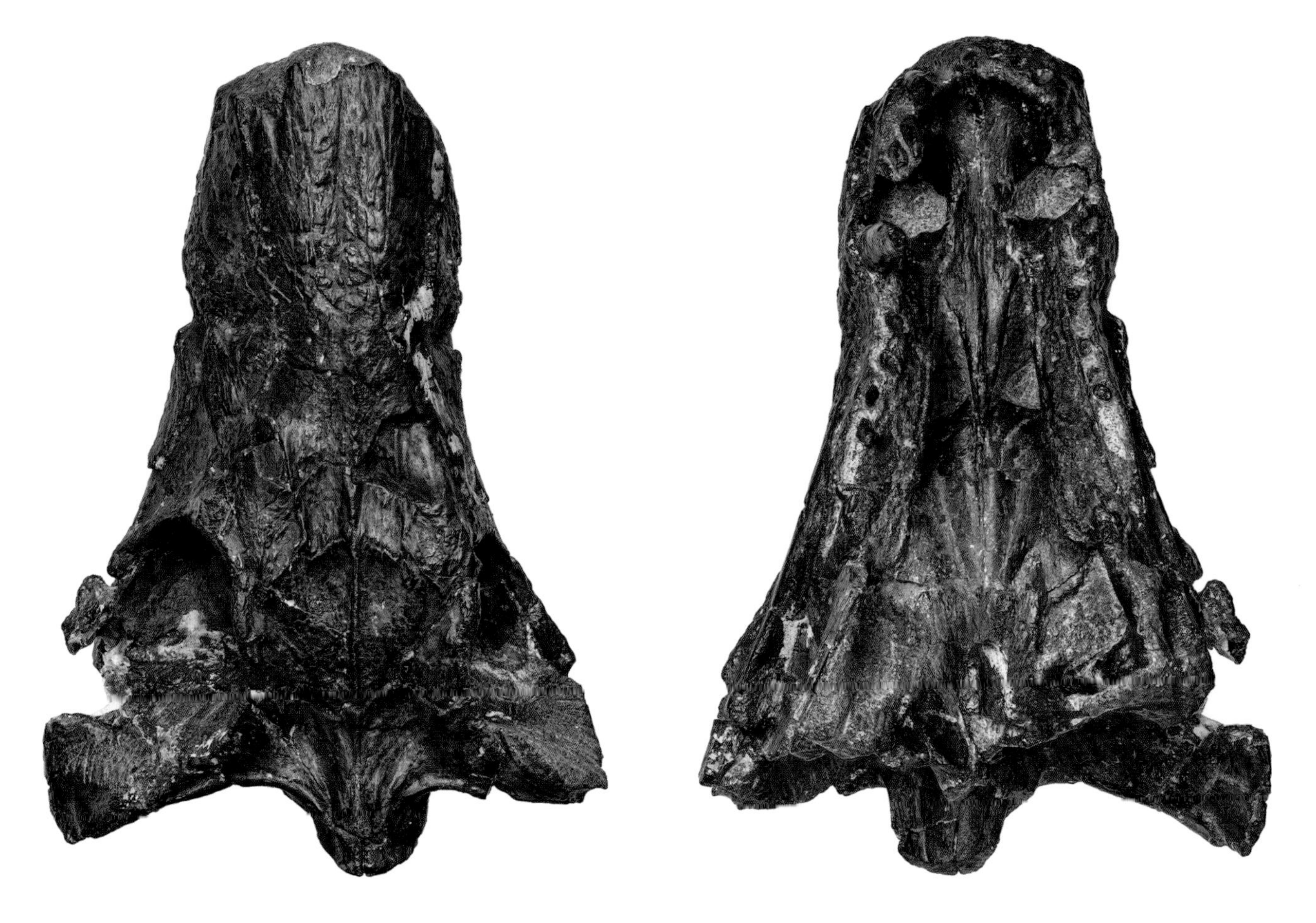

李氏乌鲁木齐兽（*Urumchia lii*）头骨顶视（左图）和腹视（右图）

李氏乌鲁木齐兽化石失而复得的传奇经历

在李氏乌鲁木齐兽最初的研究论文发表时，化石仍处于原始的保存状态，上下颌紧紧地咬合在一起。到了 20 世纪 70 年代，化石修理技术已有极大的提高，为了更进一步研究这一重要的化石，中国科学院古脊椎动物与古人类研究所（以下简称古脊椎所）的技术人员凭着高超的技艺，在显微镜下细心地剔去岩石，把头骨和下颌完好地摘开了，而且他们在工作的每一个阶段都制作了化石的模型。1976 年，法国的古生物学者 Mendrez 女士致信杨钟健先生，希望得到乌鲁木齐兽的头骨模型进行对比研究。当时杨的秘书下放干校，他误将真标本当作模型寄出（可见模型制作得多么逼真）。Mendrez 女士收到标本后曾来信告知此事，答应工作结束后予以寄还。不幸的是在研究工作结束之前，Mendrez 女士意外地死于一场火灾。后来古脊椎所虽几次致函她的家人查找化石的下落，但踪迹全无，难道化石与研究者一道葬身火海了？！而这一化石的下颌部分仍留在国内。此后的来访者和学生只能用头骨的模型和下颌标本来认识这一重要的兽头类。时至 2017 年 10 月，法国国家自然博物馆古两栖爬行部负责人 N. E. Jalil 教授的电子邮件带来了意外的惊喜，他告知发现了古脊椎所的标本，愿意将其归还。2018 年 1 月，Jalil 教授的学生到访古脊椎所，带来了这滞留国外四十余年的珍贵标本，办理了正式的归还手续。至此，这久经分离的头骨和下颌终于在古脊椎所的标本馆中重新团聚了。

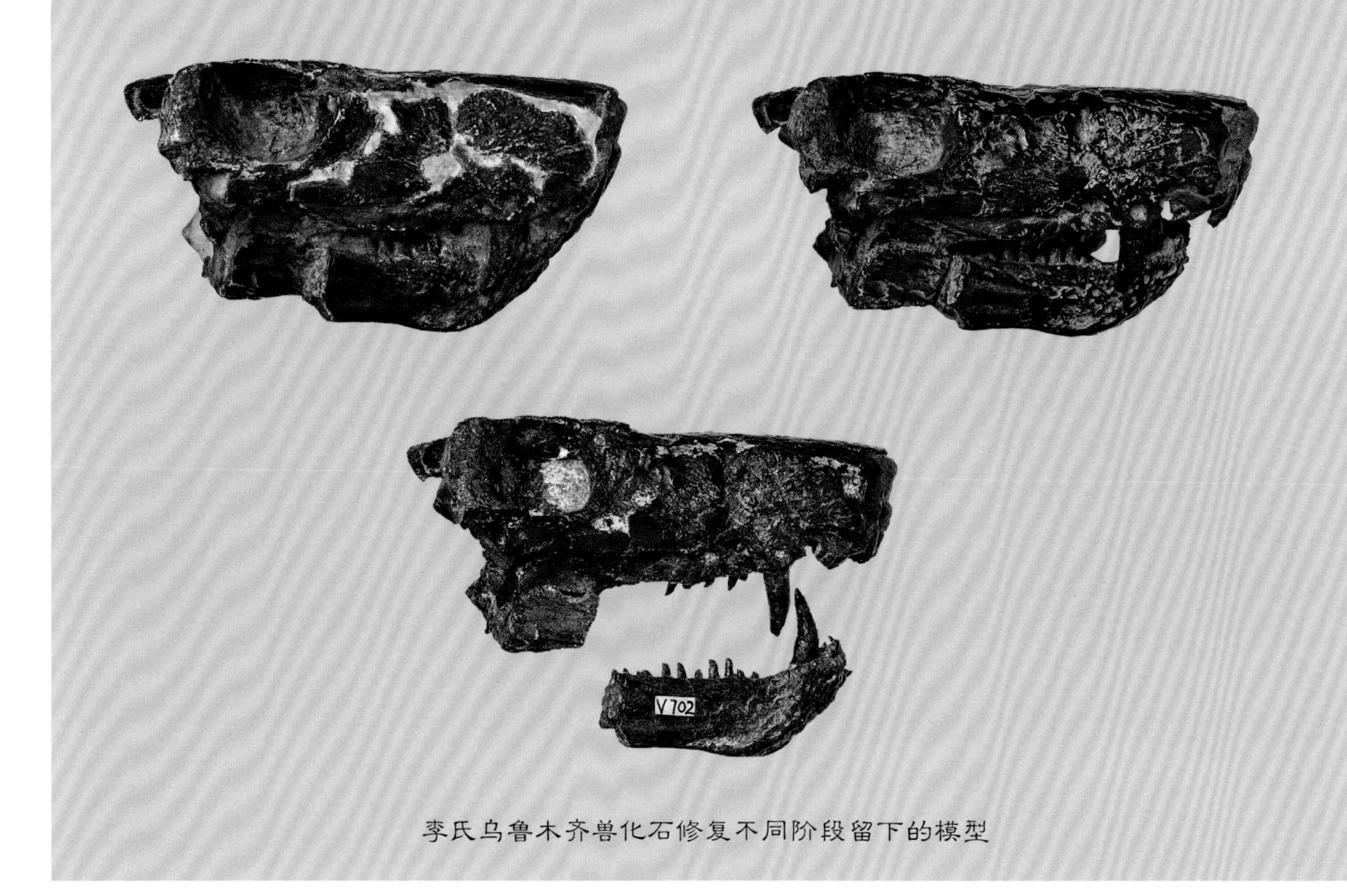

李氏乌鲁木齐兽化石修复不同阶段留下的模型

从南非和俄罗斯扩展到中国。然而就是这样一块在该类研究中占有非常重要地位的化石却有着一段曲折而传奇的经历。

凹进哈镇兽（*Hazhenia concava*）
——比乌鲁木齐兽进步的兽头类

凹进哈镇兽模式标本发现于陕西府谷哈镇的下三叠统和尚沟组，包括一个带有下颌的完整头骨和部分头后骨骼。它的头骨长而低，而下颌犬齿又非常大，所以当颌关闭时下犬齿可以穿透头骨，从顶面的一对下犬齿孔伸出。凹进哈镇兽的头骨显示了许多比李氏乌鲁木齐兽更为进步的特征。如它的次生腭已是由左右上颌骨的腭板向中央靠拢相遇而成的；犁骨前部已被遮盖；上门齿已减少至 4 枚；犬齿后齿已由圆锥形发展至圆柱形，并且已具齿冠结构，即于中央稍偏前方有一主尖，齿冠周围有一圈由小瘤组成的“齿脊”。这种完整的齿尖只见于齿列末端的颊齿上，前面颊齿上的齿尖则因磨蚀而消失。眼孔和颞孔之间的眶后骨弓不完整，已出现了二孔合一的趋势。

杨氏河套兽（*Ordosiodon youngi*）
——产出层位高于乌鲁木齐兽和哈镇兽的兽头类

杨氏河套兽的化石发现于内蒙古准格尔旗的中三叠统二马营组下部，包括一个不完整的头骨、下颌及部分头后骨骼。头骨顶面遭受强烈风化，但腭面和下颌保存完好。与凹进哈镇兽一样，它也有不完整的眶后骨弓和由上颌骨腭板组成的次生腭，不同的是头骨的吻部较短，下犬齿不穿透头骨顶盖。上门齿 4 枚，犬齿 1 枚，犬齿后齿 8 枚。门齿的齿冠细长，未见显著的增大。前 4 枚犬齿后齿细小，齿冠圆锥状。后面的 4 枚牙齿基部极大地横向扩展，齿冠大多被磨蚀成向内倾斜的面。最后一枚未经磨损的牙齿与哈镇兽的相同，高耸的主尖位于齿冠的前外方，其余的部位被一圈很低的瘤脊所包围。

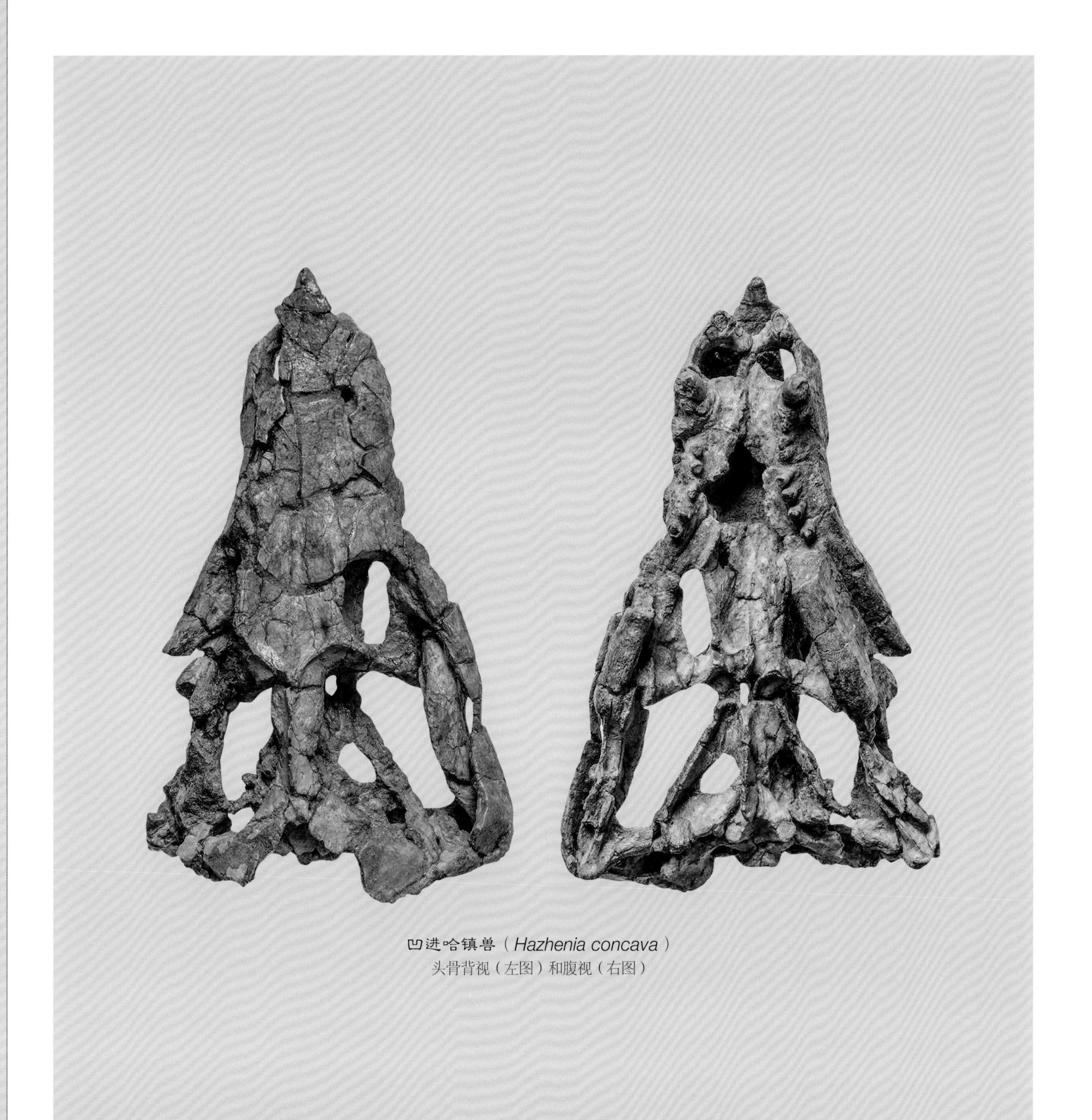

凹进哈镇兽（*Hazhenia concava*）
头骨背视（左图）和腹视（右图）

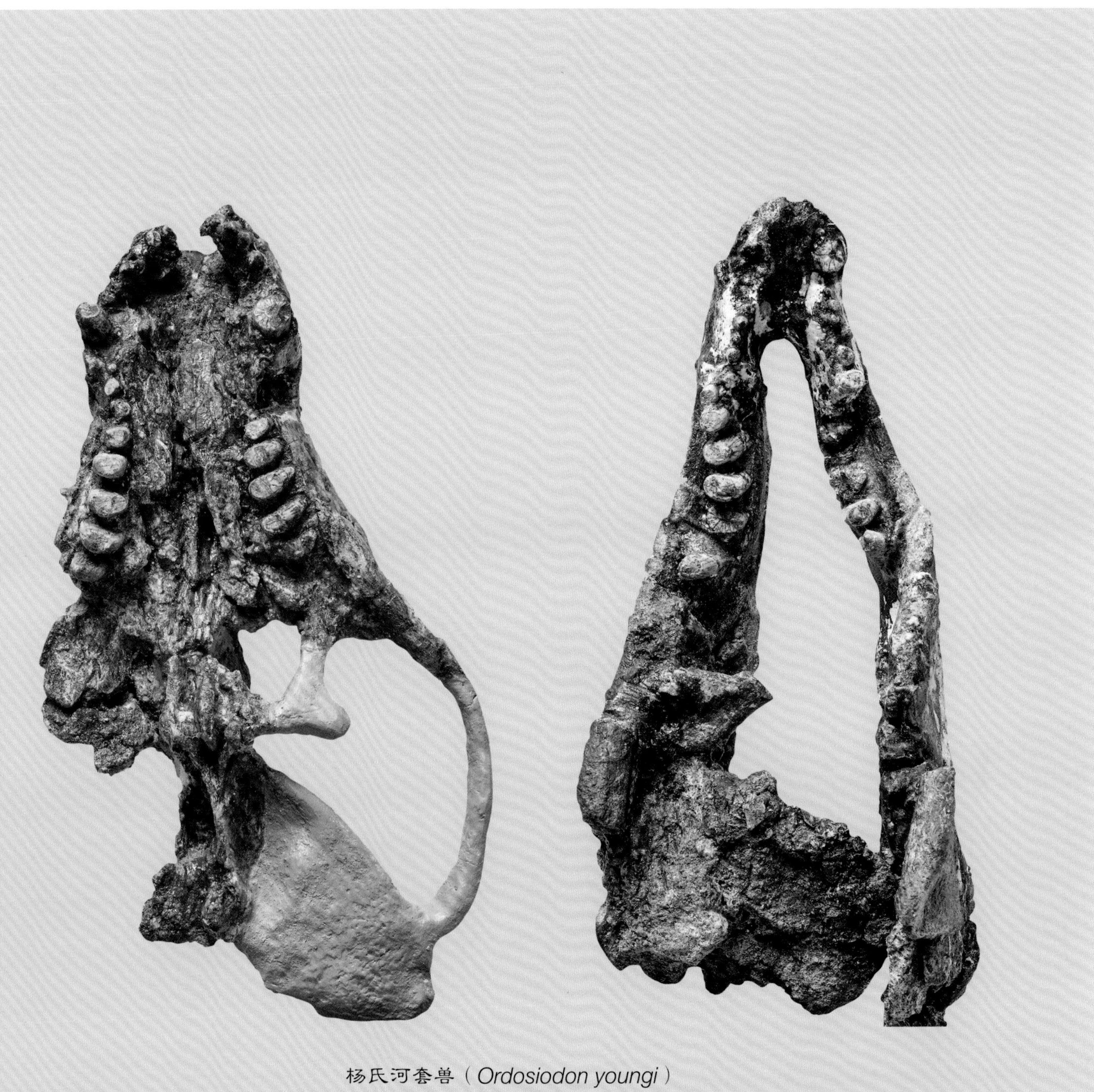

杨氏河套兽（*Ordosiodon youngi*）
头骨腹视（左图）和下颌顶视（右图）

王屋似横齿兽（*Traversodontoides wangwuensis*）
——保留了原始构造松果孔的兽头类

王屋似横齿兽的化石发现于河南济源中三叠统二马营组的上部，包括一不完整的头骨、下颌及部分头后骨骼。比起上述的几个包氏兽类，王屋似横齿兽与南非的包氏兽属（*Bauria*）有更密切的亲缘关系，但它比后者的个体要大，头长可达 177 ～ 180 毫米。与包氏兽属不同的是它的头骨上保留了松果孔这一原始构造。王屋似横齿兽的上下门齿均未保存，上下犬齿各 1 枚，犬齿后齿上颌 9 枚、下颌 11 枚。牙齿横宽，排列紧密，前部的牙齿上有使用留下的磨蚀面，后部未经磨损的齿冠上可以清楚地看到有左右并列的两个齿尖，周围特别是后侧有清楚的齿脊。与相对原始的包氏兽类不同，王屋似横齿兽的犬齿后齿列成一弯曲向内的弓形。

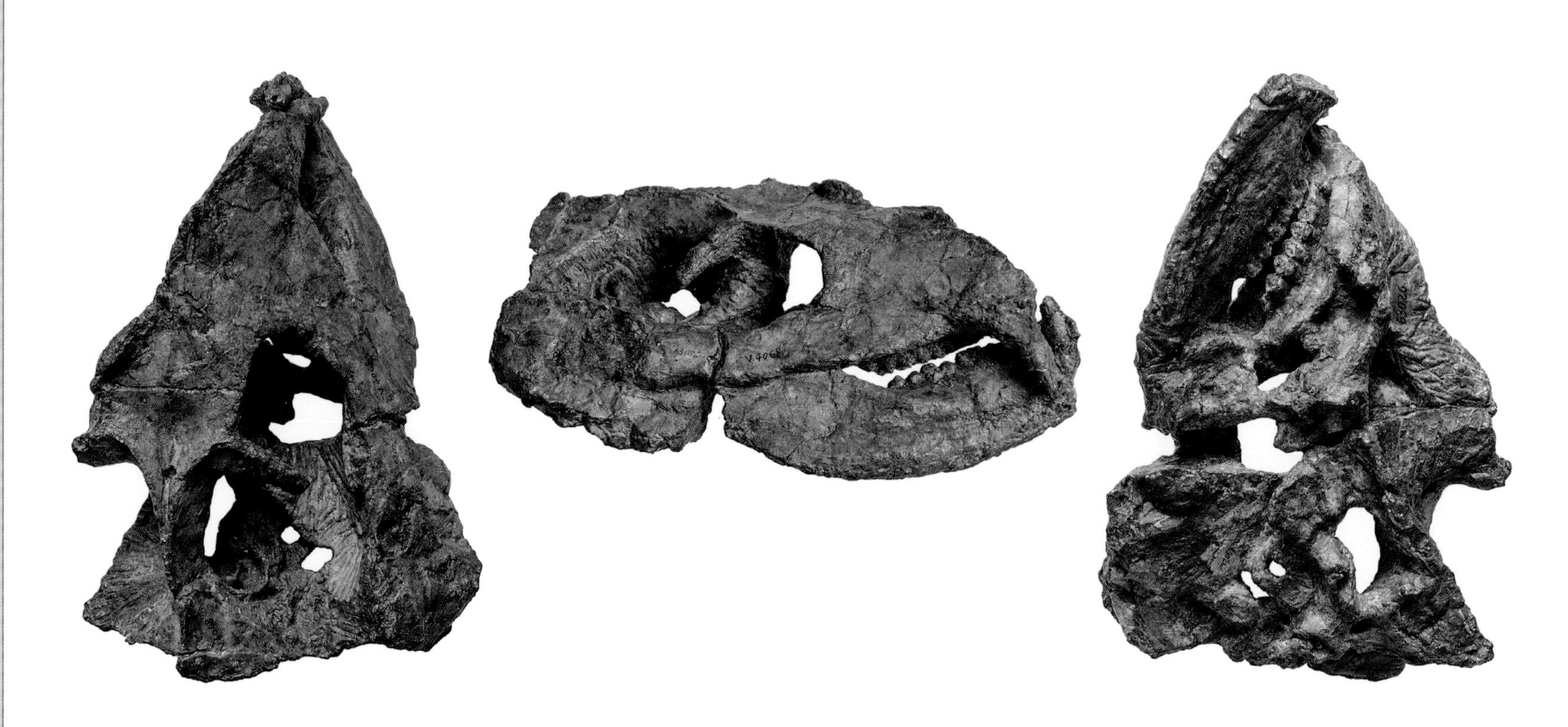

王屋似横齿兽（*Traversodontoides wangwuensis*）
头骨和下颌的顶视（左图）、右侧视（中图）和腹视（右图）

10. 犬齿兽类（cynodotians）

犬齿兽类是兽孔类中最后出现的一个类群。最早的化石记录出现于南非的上二叠统二齿兽组合带，以及坦桑尼亚、赞比亚、俄罗斯和德国的同时代地层。作为刚刚产生不久的新生类群，犬齿兽类幸运地度过了二叠纪末的生物大灭绝事件，在三叠纪时得到广泛的辐射发展，其中的一支进化为哺乳动物。从晚二叠世原始的犬齿兽类，到三叠纪真犬齿兽类（eucynodonts）的犬颌兽类（cynognathians）、进步颌兽类（probainognathians）、三脊齿兽类（trirachodontids）和三列齿兽类（tritylodontids），它们逐步获得了大量的与哺乳动物一致的特征。

犬齿兽类开始发育了双枕髁。颌关节则呈现了从爬行型向哺乳型的转化，原始犬齿兽类具方骨 - 关节骨关节；到进步颌兽类时除方骨 - 关节骨关节外，还发育了鳞骨 - 上隅骨关节；只有真正的哺乳动物才随着齿骨的加大形成鳞骨 - 齿骨关节。两颞孔之间的矢状脊有深的侧面，用于附着颞肌。连接下颌收肌的颧弓加深且向侧方扩展，齿骨的侧面发育一收肌凹。齿列分化为门齿、犬齿、一组结构简单的犬齿后齿和一组带有辅助齿尖的结构复杂的犬齿后齿。胸椎和腰椎开始分区，髂骨向前扩展，耻骨缩小。

犬齿兽类经历了三叠纪的繁盛后，其中原始的类群很快消失了，只有与哺乳动物关系密切的三脊齿兽类和三列齿兽类延续至中侏罗世。犬齿兽类的化石分布广泛，它们出现于除大洋洲和南极洲之外的所有大陆。

中国已记述了 10 属 12 种犬齿兽类。其中的绝大部分（8 属 10 种）是发现于云南、四川、重庆和新疆侏罗纪地层的三列齿兽类（见下页图示云南卞氏兽），从时代来看它们已经超出了本书的记述范围，在此不做详细的介绍。其余保存较好的材料包括完美中国颌兽（*Sinognathus gracilis*）和杨氏北山兽（*Beishanodon youngi*），都属于三脊齿兽类，分别产自山西武乡中三叠统二马营组和甘肃肃北下三叠统红岩井组。

云南禄丰下侏罗统下禄丰组产出的云南卞氏兽（*Bienotherium yunnanensis*）
头骨顶视（左上图）、腹视（右上图）和下颌右侧视（下图）

完美中国颌兽（*Sinognathus gracilis*）
——具方骨 - 关节骨和鳞骨 - 上隅骨双关节的犬齿兽类

完美中国颌兽的模式标本为一几乎完整保存的头骨和下颌。头骨的吻部短小，其长度仅为头骨全长的 1/3，而颞孔宽大，其长度为头长的 1/2。顶骨在两颞孔间形成长而尖锐的顶脊。具典型的犬齿兽类颌关节，除了方骨 - 关节骨这一组关节外，鳞骨 - 上隅骨也参与了颌关节的组成。下颌中齿骨的冠状突十分发育，背缘长而平直。上颌门齿 4 枚，下门齿 2 枚，上下犬齿各 1 枚，犬齿后齿上颌 6 枚、下颌 7 枚。犬齿后齿横宽，略呈椭圆形（上颌）或近于圆形（下颌）。唇、舌侧各有 1 个齿尖，其间以横脊相连。

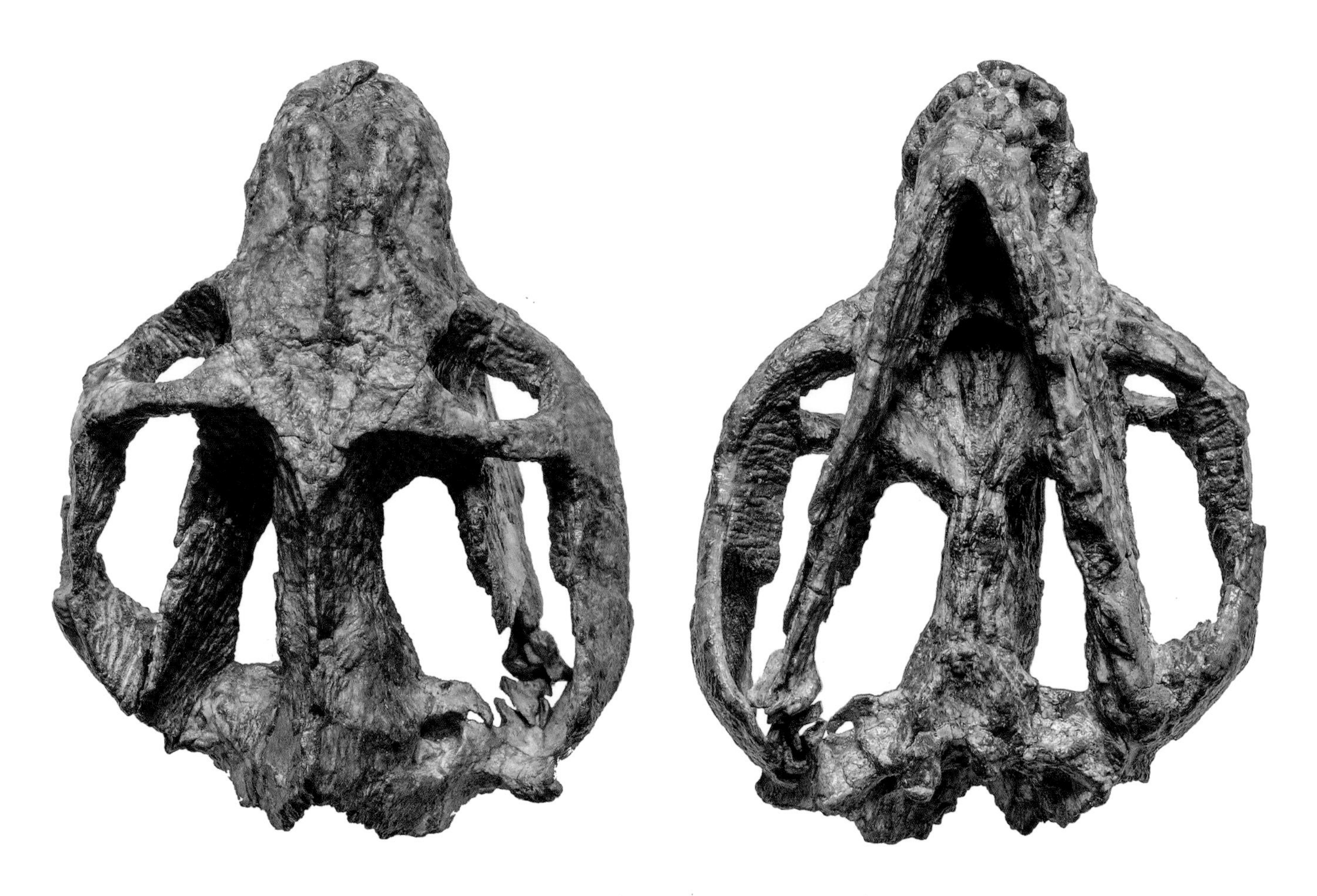

完美中国颌兽（*Sinognathus gracilis*）
头骨和下颌的背视（左图）和腹视（右图）

中国两亿年前的
陆生四足动物组合
和含化石地层

中国北方二叠纪—三叠纪陆相地层分布广泛，层位基本连续，只有很少缺失。这些地层中所含的四足类化石主要集中于中二叠统—中三叠统，地理分布集中于新疆和华北地区，少量的化石出现于甘肃。

1. 早二叠世中国唯一的四足动物

如果以时间顺序来介绍这些化石，那最早的当属早二叠世的六道湾乌鲁木齐鲵（*Urumqia liudaowanensis*）（见 16 页）。化石产自新疆乌鲁木齐芦草沟组。化石的数量虽然较多（有几十个骨架被发现），但品种单一。与乌鲁木齐鲵同属盘蜥螈科（Discosauriscidae）的化石分布于欧亚大陆的德国、捷克、俄罗斯和塔吉克斯坦。这一时期准噶尔地块和塔里木地块与劳亚大陆的结合已成定局，为盘蜥螈类传播到新疆提供了条件，虽然目前只发现了这单一的属种。

远观甘肃玉门大山口化石点

2. 中二叠世中国唯一的四足动物组合

中二叠世的四足动物仅在甘肃玉门大山口这一个地点留下了踪迹。大山口地处祁连山北麓，在中二叠统青头山组上部的一个紫红色泥岩和泥质粉砂岩透镜体中蕴藏着丰富的两栖类、原始爬行类和下孔类化石。这些化石大多保存不完整，不同门类的头部骨骼、脊椎和肢骨混杂地埋藏在一起。它们应是动物死亡后经短途搬运埋入这个公共墓地的。这是中国最古老的四足类化石组合。

恐头兽类的玉门中华猎兽（*Sinophoneus yumenensis*）是这个化石组合中数量最多，保存最好的成员。有多个近于完整的头骨和下颌被发现（见 50 页）。恐头兽类是下孔类中的原始分支，化石还发现于南非和俄罗斯。与中华猎兽同属下孔类的大山口珍稀兽（*Raranimus dashankouensis*）和祁连双列齿兽（*Biseridens qilianicus*）都仅保存了 1 ～ 2 件不完整的头骨。研究表明大山口珍稀兽是最原始的兽孔类（Therapsida），祁连双列齿兽是最原始的异齿兽类（Anomodontia）。

大山口珍稀兽（*Raranimus dashankouensis*）
吻部右侧视（左图）和左侧视（右图）

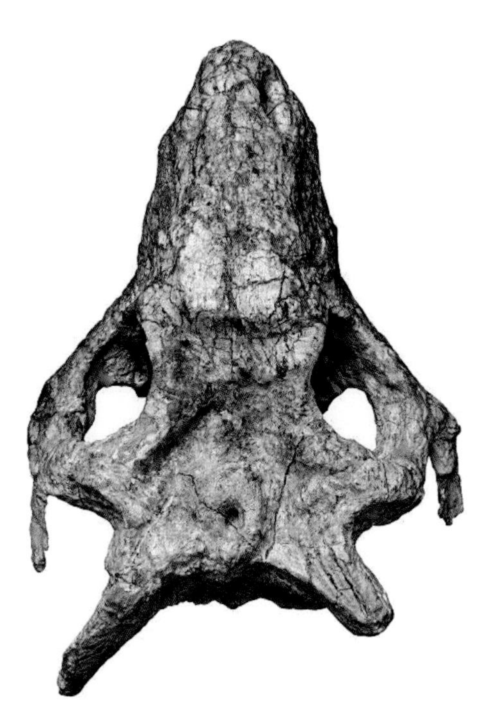
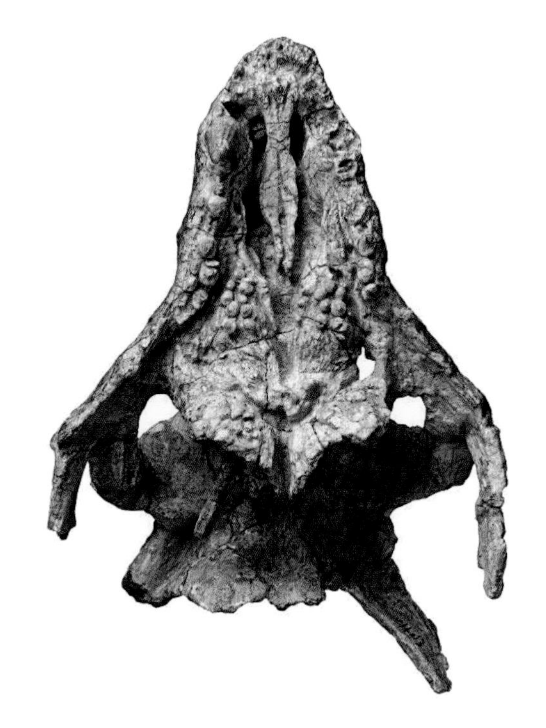

祁连双列齿兽（*Biseridens qilianicus*）
头骨背视（左图）和腹视（右图）

大山口四足类动物组合中唯一的副爬行类是程氏别里贝蜥（*Belebey chengi*），唯一的真爬行类是青头山甘肃鼻龙（*Gansurhinus qingtoushanensis*）。程氏别里贝蜥（见 18 页）是小而灵巧的波罗蜥类。在化石透镜体中保存了为数众多的不完整牙床，说明它们的个体数量也许会比中华猎兽还多。波罗蜥类曾发现于北美和欧洲的下二叠统及俄罗斯的中二叠统。甘肃玉门大山口是波罗蜥类在中国的唯一产地。青头山甘肃鼻龙（见 36 页）属于大鼻龙类，在这一化石产地仅发现了一块近于完整的左上颌齿板，上面有 5 列大致平行的牙齿。它与内蒙古包头大青山发现的大鼻龙类齿板的形态特征极为相似，它们被确定为同一属种。大鼻龙类在早二叠世也生存于北美和欧洲，中二叠世传播到东欧、中国和泛大陆的南区。它们是第一种广布于南北大陆的陆生爬行动物。

大山口四足类动物组合中的两栖类化石相对较少，它们在这个动物组合中处于不那么引人注目的地位。石油似卡玛螈（*Anakamacops petrolicus*）保存了一块不完整的吻部（见 11 页）和一不完整的头骨后部，走廊泰齿螈（*Ingentidens corridoricus*）以一右下颌支为代表（见 14 页），只有祁连兄弟迟滞螈（*Phratochronis qilianensis*）保存了不止一个的不完整上下颌骨。石油似卡玛螈属离片椎类双顶螈科，与俄罗斯上二叠统的卡玛螈（*Kamacops*）极为相似。走廊泰齿螈和祁连兄弟迟滞螈同属“石炭蜥目”迟滞鳄科。

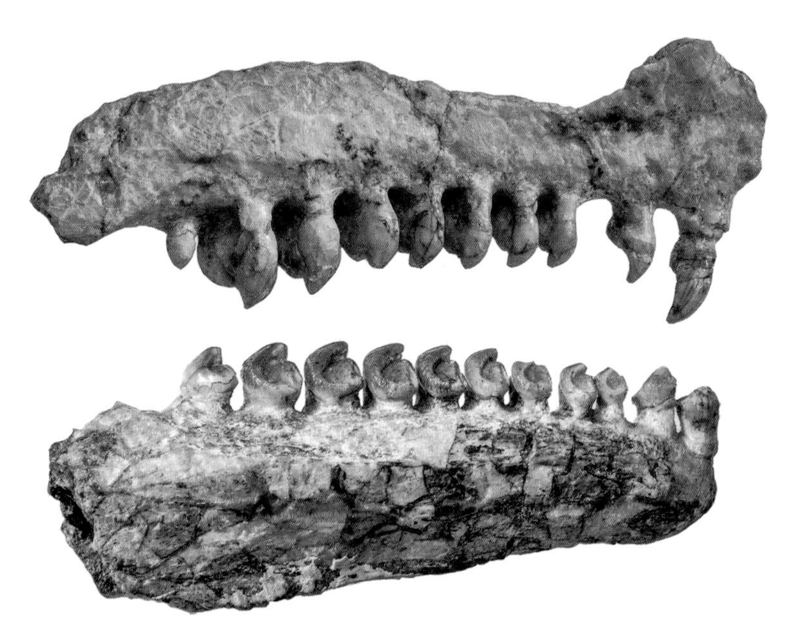

程氏别里贝蜥（*Belebey chengi*）
右上颌骨外侧视（上图）和右齿骨外侧视（下图）

7
6
3
1
4

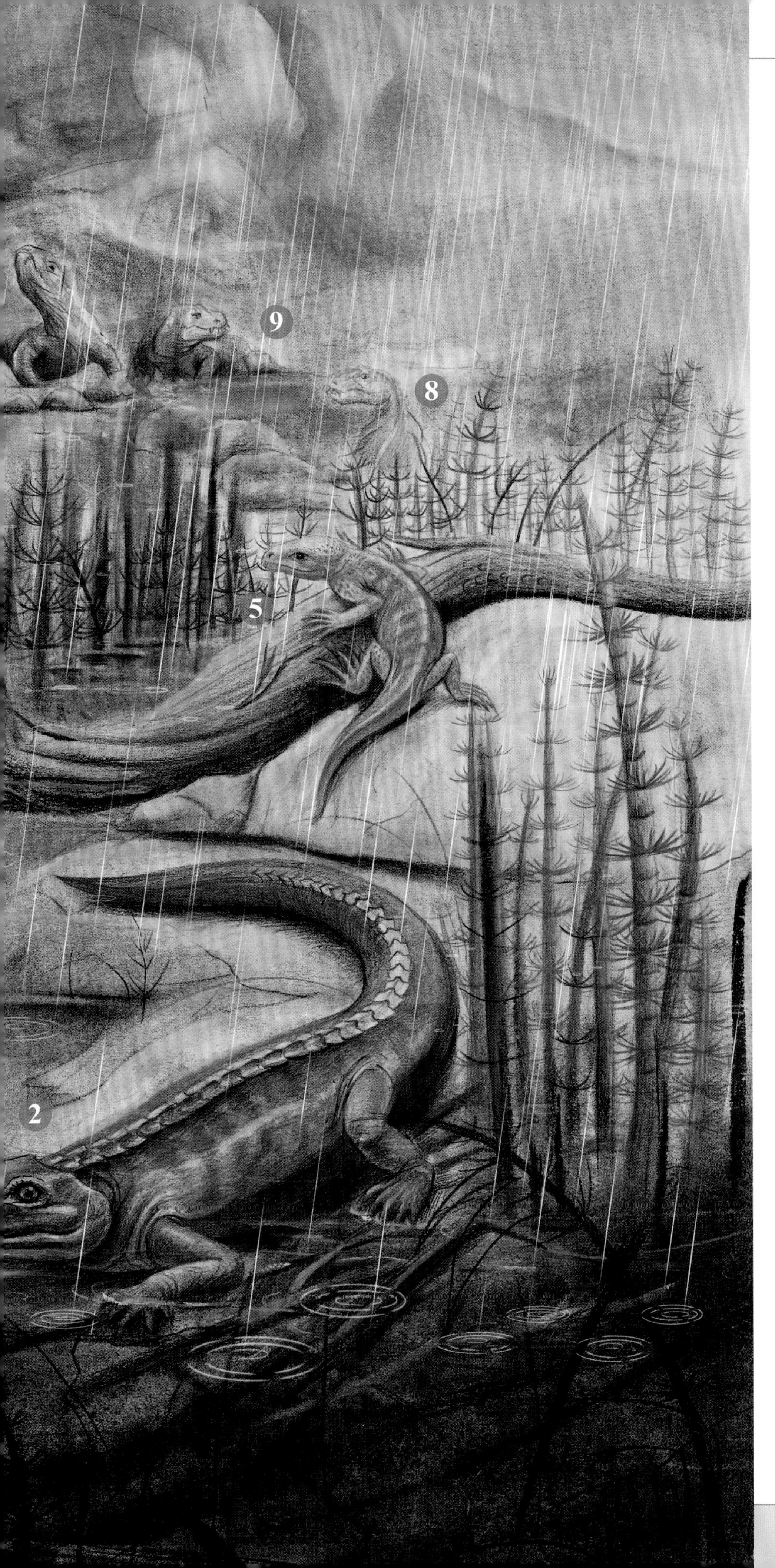

1. 似卡玛螈（*Anakamacops*）
2. 泰齿螈（*Ingentidens*）
3. 双列齿兽（*Biseridens*）
4. 别里贝蜥（*Belebey*）
5. 甘肃鼻龙（*Gansurhinus*）
6～10. 中华猎兽（*Sinophoneus*）

甘肃大山口动物组合生态复原图（郭肖聪 绘）

3. 晚二叠世各具特色的新疆和华北四足动物组合

进入晚二叠世后，四足动物在适宜的气候和自然环境下演化发展，扩散到中国北方不同区域的许多地点。它们蕴藏于上二叠统的上部和下部两个层位。下部层位发现于河南济源上石盒子组上部，四足类动物组合以锯齿龙类的复齿河南龙（*Honania complicidentata*）为主体（见 32 页），还包括至少三种石炭蜥两栖类和一种犬齿兽类，特别重要的是发现了中国唯一的阔齿龙型类——穿孔水库龙（*Alveusdectes fenestralis*）。河南济源的化石破碎零散，除复

河南济源大峪上石盒子组含化石地层

穿孔水库龙（*Alveusdectes fenestralis*）
下颌和部分头骨骨片背视（左图）和腹视（右图）

齿河南龙和穿孔水库龙外，其他的属种多以单个的牙齿、甲片和脊椎为代表，如扁平济源盖螈（*Jiyuanitectum flatum*）和中国毕氏螈（*Bystrowiana sinica*）等。对这些材料的综合研究表明，它们可以与南非的小头兽组合带（*Cistecephalus* Assemblage Zone）和俄罗斯的 Sokolki 组合带相对比，时代为晚二叠世早期。

上二叠统上部的四足类化石点分布于中国北方的广大地区，包括新疆、甘肃、陕西、山西、内蒙古和河南等省区。其中最具特色的是内蒙古包头的脑包沟组。在东西绵延近百千米的大青

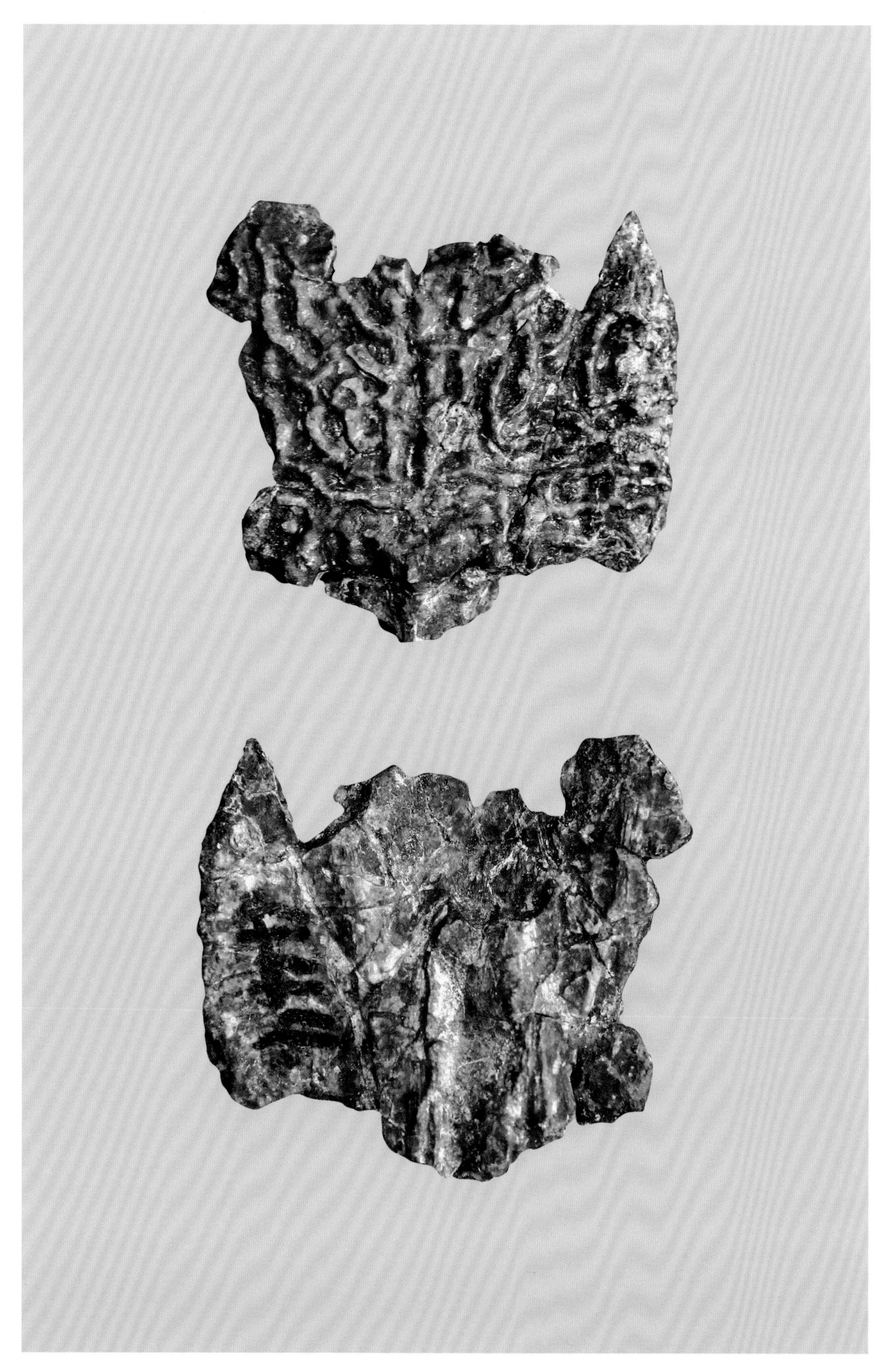

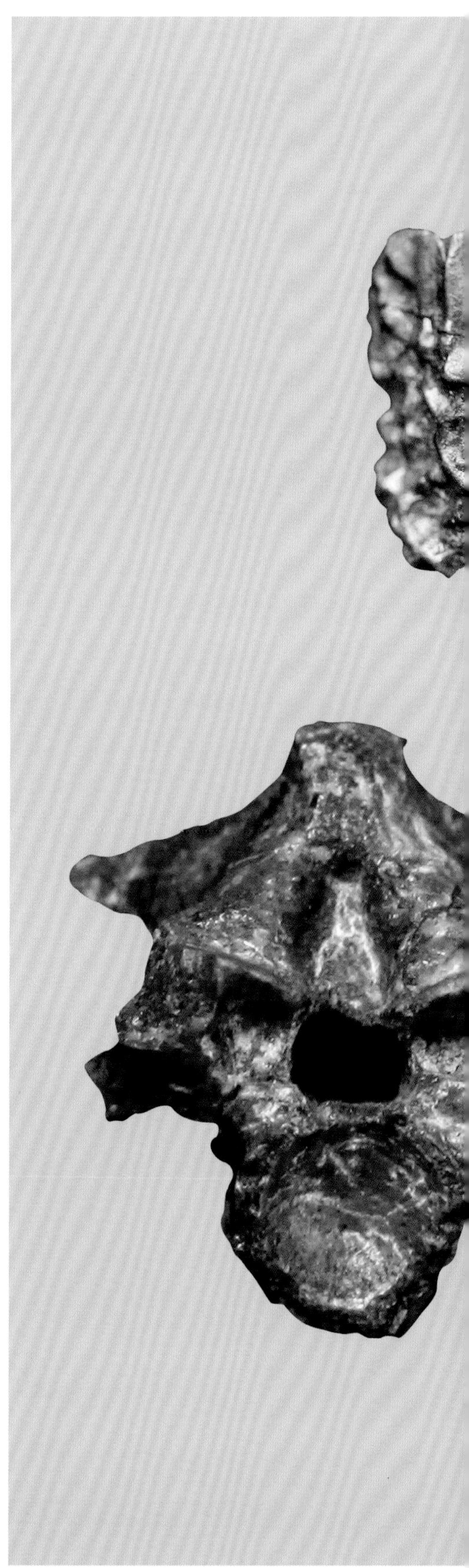

扁平济源盖螈（*Jiyuanitectum flatum*）甲片

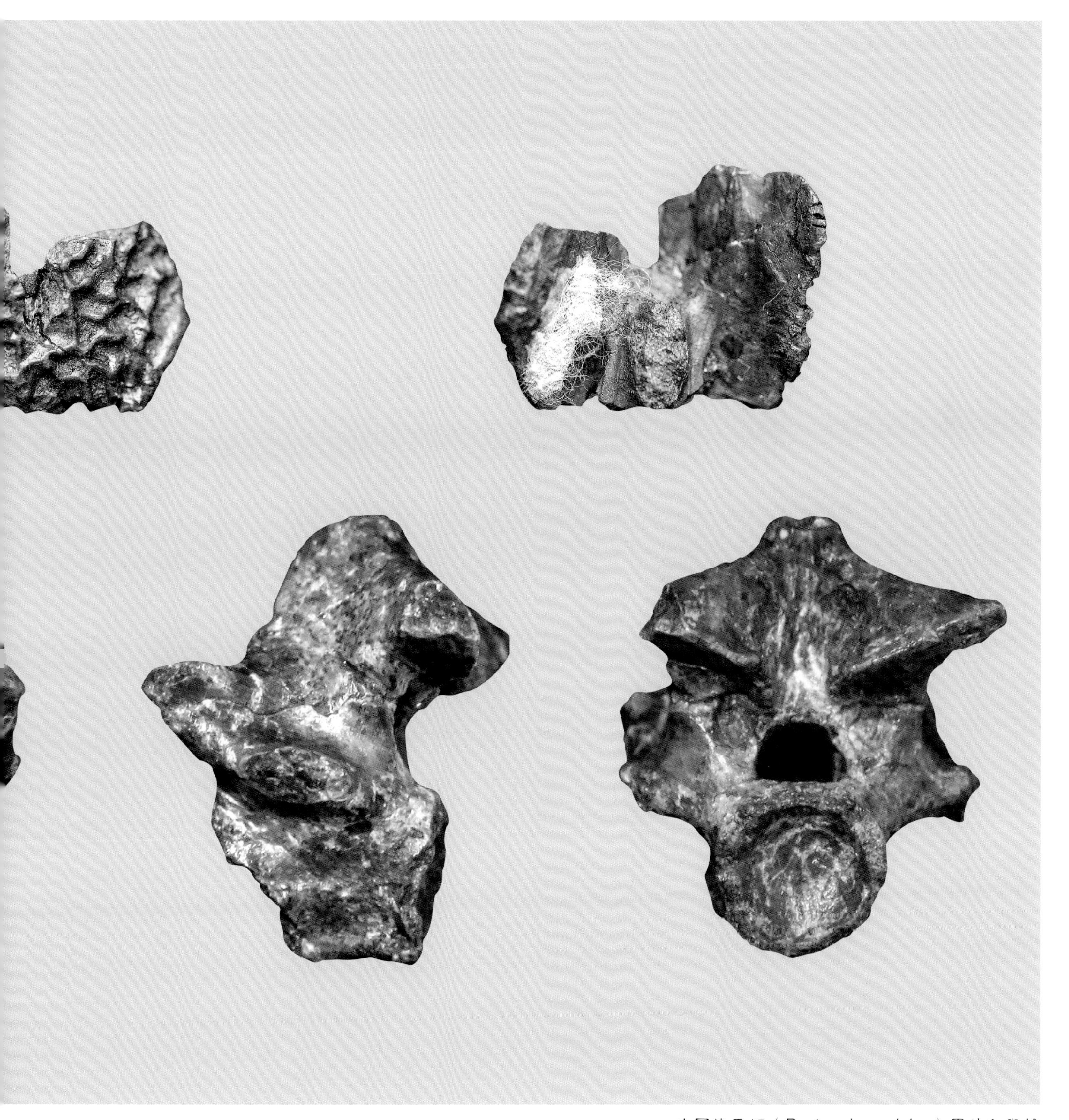

中国毕氏螈（*Bystrowiana sinica*）甲片和脊椎

内蒙古包头大青山脑包沟组含化石地层

山腹地，化石点呈星点状分布，但门类齐全。其中包括大鼻龙类的青头山甘肃鼻龙（*Gansurhinus qingtoushanensis*）（见36页）和兽头类的王氏石拐颌兽（*Shiguaignathus wangi*）（见76页）。在这一地区不仅产出独具特色的二齿兽类——边缘大青山兽（*Daqingshanodon limbus*）（见56页），还发现了锯齿龙类——吴氏埃尔金龙（*Elginia wuyongae*）。埃尔金龙原产于英国的

吴氏埃尔金龙（*Elginia wuyongae*）头骨背视

苏格兰，这是我国发现的第一种与二齿兽类共同产出的锯齿龙类。

上二叠统新疆准噶尔盆地和吐鲁番盆地的锅底坑组以富含二齿兽类著称，不仅有数个狭义的二齿兽类，还有水龙兽类与之共生，但至今未见锯齿龙类。与之相反的是山西保德和柳林的孙家沟组只产出丰富的锯齿龙类，但至今未见二齿兽类的踪迹。

3
2
4
1

1. 甘肃鼻龙（*Gansurhinus*）
2, 3. 石千峰龙（*Shihtienfenia*）
4. 水库龙（*Alveusdectes*）
5～8. 大青山兽（*Daqingshanodon*）

华北晚二叠世四足动物组合生态复原图（郭肖聪 绘）

4. 早三叠世标志性的水龙兽只出现于新疆

下三叠统的四足类化石发现于新疆的韭菜园组和华北的和尚沟组。它们所含动物门类相同，但具体的动物不同，时代也存在差异。韭菜园组为早三叠世早期，而和尚沟组为早三叠世晚期。韭菜园组中有大量的早三叠世标志性的二齿兽类水龙兽（*Lystrosaurus*）化石（见56

新疆吐鲁番盆地桃树园沟二叠纪、三叠纪含化石地层

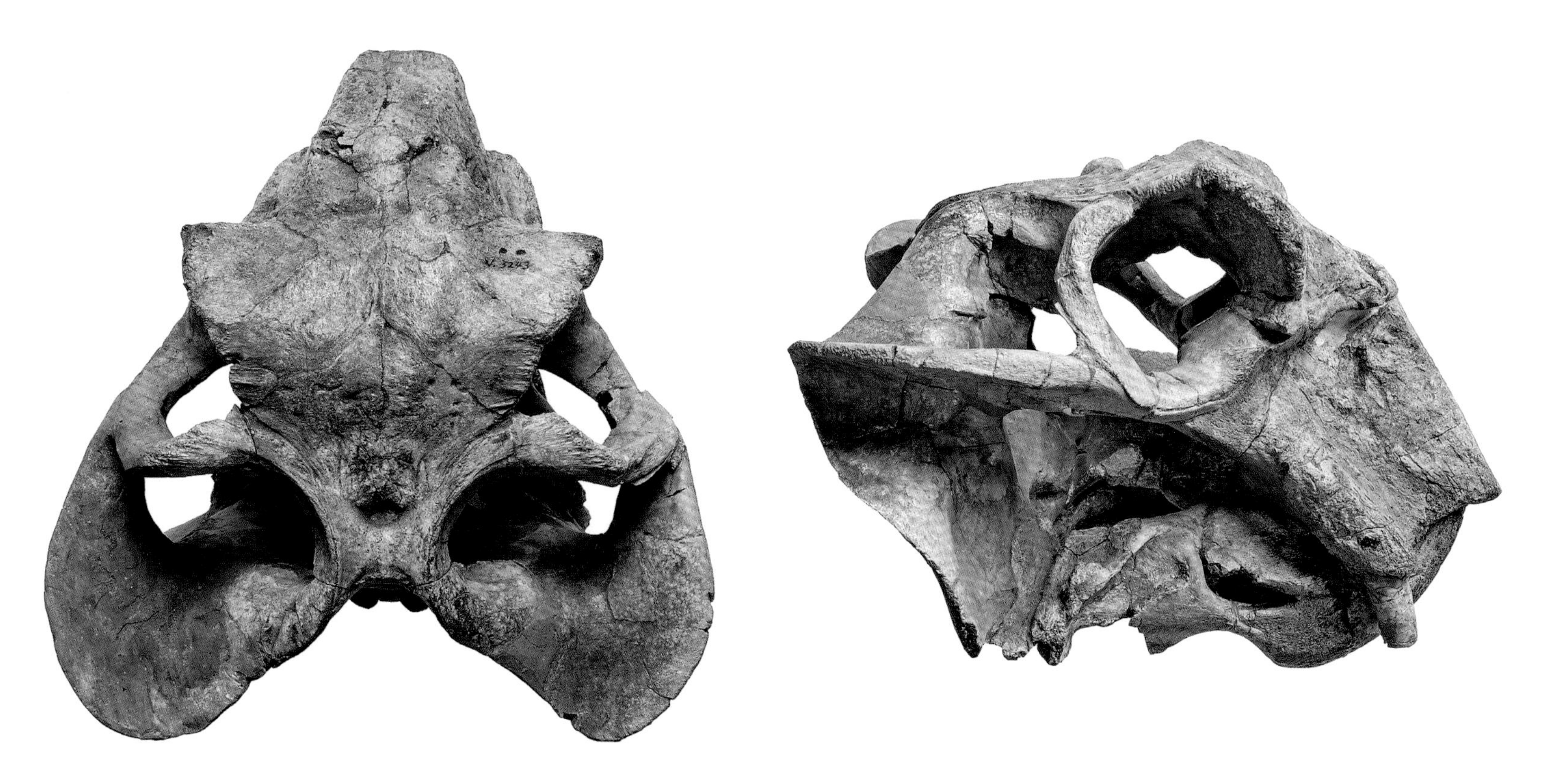

粗壮水龙兽（*Lystrosaurus robustus*）
头骨顶视（左图）和右侧视（右图）

页），而和尚沟组产体型稍大的陕北肯氏兽（*Shaanbeikannemeyeria*）（见 106 页）。陕北肯氏兽也发现于中三叠统二马营组的底部。韭菜园组的兽头类是眶后骨弓仍保持完整的李氏乌鲁木齐兽（*Urumchia lii*）（见 77 页），而和尚沟组产更进步的兽头类凹进哈镇兽（*Hazhenia concava*），它的眶后骨弓不完整，齿列的分化也更明显（见 79 页）。韭菜园组中的前棱蜥类是个体小特征原始的袁氏三台龙（*Santaisaurus yuani*）（见 22 页），而和尚沟组的前棱蜥类是体型偏大，特征进步的深头置换齿蜥（*Eumetabolodon bathycephalus*）（见 26 页）和河套五角蜥（*Pentaedrusaurus ordosianus*）（见 23 页）。韭菜园组中产出袁氏古鳄（*Proterosuchus yuani*）（见 42 页）。古鳄属还发现于南非，是在二叠纪末生物大绝灭后最早辐射发展的原始主龙形类。和尚沟组的贺家畔府谷鳄（*Fugusuchus hejiapanensis*）和沙坪戏楼鳄（*Xilousuchus sapingensis*）比它要进步得多。

1. 三台龙（*Santaisaurus*）
2～6. 水龙兽（*Lystrosaurus*）
7. 乌鲁木齐兽（*Urumchia*）
8. 古鳄（*Proterosuchus*）

新疆早三叠世四足类组合生态复原图
（郭肖聪 绘）

7
6
4
8
3
1

5. 中三叠世大型肯氏兽类成为新疆和华北四足动物组合的主体

中三叠世的四足类化石同样发现于新疆和华北两个地区。华北地区的化石种类丰富，主要产自二马营组的底部和上部，铜川组中也有少量发现。肯氏兽类是这些层位中的主要成员，种属数量和个体数量都大大超过其他门类。其中陕北肯氏兽（*Shaanbeikannemeyeria*）与南非的肯氏兽属（*Kannemeyeria*）极为相似，二者有密切的亲缘关系；中国肯氏兽（*Sinokannemeyeria*）（见 65 页）和副肯氏兽（*Parakannemeyeria*）（见 65 页）数量更多也更具地方特色。新疆克拉玛依组产出独具特色的西域肯氏兽（*Xiyukannemeyeria*）（见 67 页）。华北和新疆产出不同种类的基干主龙形类，它们大多以单一的化石为代表，如华北的石拐古城鳄（*Guchengosuchus shiguaiensis*）和新疆的中国武氏鳄（*Vjushkovia sinensis*）（见 44 页），只有山西山西鳄（*Shansisuchus shansisuchus*）的化石（见 44 页）广泛分布于山西省六个县的二马营组。此外，二马营组中还有进步的前棱蜥类、兽头类和中国唯一的三叠纪犬齿兽类——完美中国颌兽（*Sinognathus gracilis*）（见 85 页）。

陕北肯氏兽（*Shaanbeikannemeyeria*）
产自二马营组底部层位的头骨和下颌

陕西府谷戏楼沟三叠纪含化石地层

1. 远安鳄（*Yuanansuchus*）
2. 中国肯氏兽（*Sinokannemeyeria*）
3. 新前棱蜥（*Neoprocolophon*）
4. 山西鳄（*Shansisuchus*）
5. 中国颌兽（*Sinognathus*）
6. 似横齿兽（*Traversodontoides*）

华北中三叠世四足类组合生态复原图
（郭肖聪 绘）

4
3
2

中国北方陆相二叠纪、三叠纪地层和四足类化石分布

层位（系）	层位（统）	新疆（准噶尔盆地、吐鲁番盆地）	甘肃（北祁连）	华北（山西、陕西、河南、内蒙古准格尔旗）	内蒙古（包头）
三叠系	上统	郝家沟组 黄山街组	南营儿组	 瓦窑堡组 永坪组	
三叠系	中统	克拉玛依组 ▲☆□ 	丁家窑组	铜川组 ☆□ 二马营组 ◎☆□◆◇	
三叠系	下统	烧房沟组 - - - - - - 韭菜园组 ◎☆□◆	鲁沟组	◎☆□◆ 和尚沟组 刘家沟组	老窝铺组
二叠系	乐平统	□◆ 锅底坑组 梧桐沟组	□ 肃南组	○ 孙家沟组 △○◇ 上石盒子组	○★□◆ 脑包沟组
二叠系	瓜德鲁普统	□ 泉子街组 	 ▲△●★■□ 青头山组 窑沟组 大黄沟组	上石盒子组 下石盒子组	石叶湾组 杂怀沟组
二叠系	乌拉尔统	红雁池组 △ 芦草沟组 大河沿组	山西组 - - - - - - 太原组	山西组 太原组	杂怀沟组 拴马桩组

▲ 离片椎两栖类
△ 石炭蜥两栖类
● 波罗蜥类
○ 锯齿龙类
◎ 前棱蜥类
★ 大鼻龙类
☆ 基干主龙形类
■ 恐头兽类
□ 二齿兽类
◆ 兽头类
◇ 犬齿兽类

陕西府谷贺家畔二叠纪、三叠纪含化石地层

新疆吐鲁番盆地二叠纪、三叠纪含化石地层

中国北方二叠纪—三叠纪陆生四足类的研究历史

1. 艰难而辉煌的起点

1927 年袁复礼教授在哈那郭罗附近测绘
照片引自袁疆等著《西北科学考察的先行者——地学家袁复礼的足迹》一书

1928 年 8 月到 10 月，袁复礼教授在新疆孚远县的大龙口采集了一批脊椎动物化石，包括晚二叠世的二齿兽骨架，早三叠世的水龙兽骨架、古鳄类的袁氏加斯马吐龙（*Chasmatosaurus yuani*）[①]和前棱蜥类的袁氏三台龙（*Santaisaurus yuani*）。这是二叠纪、三叠纪脊椎动物化石在中国的首次发现。消息一经披露，引起了全球学术界和社会的广泛关注。北京晨报及天津大公报等媒体都以醒目的版面刊载，瑞典、法国、瑞士等国的报纸也争相刊登这一极具科学价值的消息。在随后的 1929 年和 1930 年的野外工作期间，袁复礼教授在新疆的阜康、南泉和南沙沟一带及大龙口又发现了丰富的化石。

袁复礼教授的野外工作是西北科学考察团[②]工作的一部分，考察团的成立是中国知识界团结一致努力奋争的结果。1926 年末，瑞典的探险家、地理学家斯文·赫定博士与北洋政府达成了协议，计划率领庞大的由瑞典、德国和丹麦人组成的考察团赴西北地区（现今的新疆、甘肃、宁夏和内蒙古）考察。协议规定“中方只能派两名科学家陪同，主要负责与地方当局联系，一年后必须返回。考察所获取的科学资料和物品先行运回

① 后更名为袁氏古鳄（*Proterosuchus yuani*）（见 42 页）。
② “十九条协议”使用的名称为“西北科学考查团”，后人多用“考察”，本书沿用。

袁复礼教授采集的新疆吉木萨尔兽（*Jimusaria sinkianensis*）头骨

该头骨被袁复礼和杨钟健（1934年）命名为新疆二齿兽（*Dicynodon sinkianensis*），后修订为新疆吉木萨尔兽

瑞典……”当这一纸不平等协议披露后，全国舆论哗然。知识界成立了中国学术团体协会，发表抗议宣言，并派出代表与斯文·赫定进行反复磋商，最终达成了“十九条协议”。协议规定中国的科学工作者正式参加考察团的工作，中方和外方的科考队员地位平等，各设一名团长，所有考古采集品必须留在国内等。这是中国现代科学史上维护中国主权的第一个中外平等协议，也是中国人参与的对中国西北地区进行的第一次大规模科学考察。

西北科学考察团的驼队在戈壁沙漠中行进
照片引自赫定著 *Across the Gobi Desert* 一书

1927 年 5 月，考察团从北京出发，乘火车到达包头，然后组成 298 头骆驼的驼队向西行进。队员们在极为恶劣的自然条件下生活和工作，他们面对的是戈壁和沙漠、严寒和酷暑、风沙和雨雪，甚至还有土匪和疾病，但他们毫不畏惧，全身心地投入进去，很快取得了丰硕的成果。除了前述的二叠纪、三叠纪脊椎动物化石外，袁复礼教授还发现了白垩纪的恐龙奇台天山龙（*Tianshansaurus chitaiensis*）和宁夏结节绘龙（*Nodosaurus ninghsiaensis*）。在引人注目的成果中，还包括内蒙古白云鄂博铁矿和额济纳河附近 1 万多枚汉简的发现。此外，考察团还进行了西北地区的气象观测，分析了高空气流的运行规律，对罗布泊的变迁、动植物和人种学等多个学科进行了综合研究。这些丰硕的成果使得这次考察在现代中国科技史上占有非常重要的地位。

2. 中华人民共和国成立后的继承与发扬

1937 年杨钟健先生记述了皮氏中国肯氏兽（*Sinokannemeyeria pearsoni*），它是中国建立的第一个肯氏兽类属种。中华人民共和国成立后，中国科学院古脊椎动物研究室派出野外队循着杨老的足迹，于 1955 ～ 1956 年在山西武乡和榆社，1959 ～ 1960 年在山西宁武、静乐和兴县进行二叠纪和三叠纪地层和化石的调查和发掘，采集到大批四足动物的化石。其中有两栖类的一些骨片和脊椎，亚洲新前棱蜥的头骨（见 21 页），锯齿龙类二叠石千峰龙的不完整骨架（见 30 页），数量最多的是肯氏兽类，其次是主龙型类（当时称为假鳄类）的化石。这后两类化石的研究成果分别发表于孙艾玲（孙薆璘）先生 1963 年所著的《中国的肯氏兽

1959 年杨钟健先生（左）向中国科学院竺可桢副院长（右）介绍新装架的银郊中国肯氏兽（*Sinokannemeyeria yinchiaoensis*）骨架

照片引自于小波等编著的《奠基伟业　传奇一生》一书

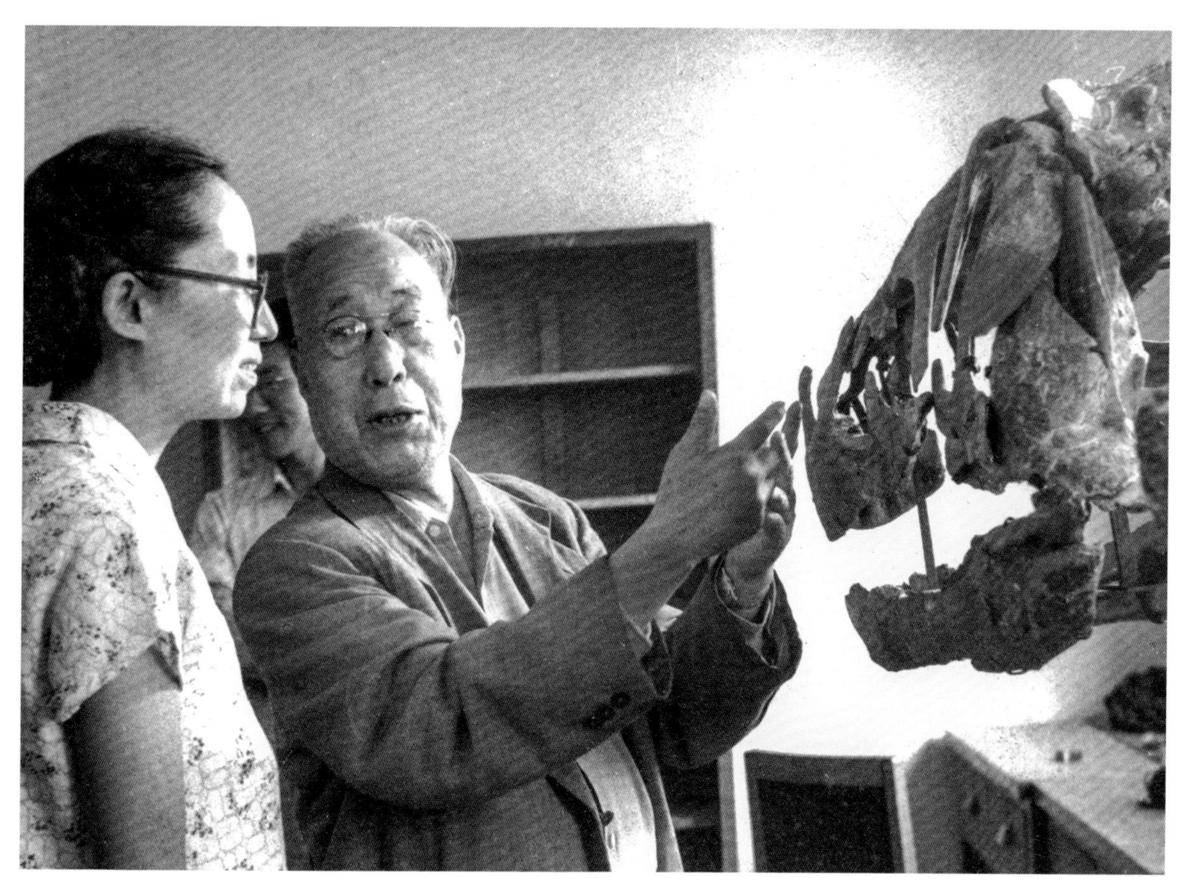

1959 年杨钟健先生和他的研究生孙艾玲在研讨山西鳄化石

山西科学考察成果

《中国的假鳄类》（杨钟健著，1964 年出版）和《中国的肯氏兽类》（孙艾玲著，1963 年出版）

类》和杨钟健先生 1964 年著的《中国的假鳄类》中。这两本专著中记述了 2 属 5 种肯氏兽类和 3 属 4 种假鳄类，它们是二马营组中国肯氏兽动物群的主要成员。它们都与南非上波福特层（Upper Beaufort）犬颌兽带（*Cynognathus* Zone）的成员有较密切的亲缘关系。

新疆是袁复礼教授最早发现二叠纪、三叠纪四足动物的地区。1963 ～ 1964 年，中国科学院古脊椎动物与古人类研究所组织了规模宏大、多学科综合的新疆古生物科学考察。科考队员们的足迹踏遍了准噶尔盆地和吐鲁番盆地的千山万壑、戈壁大漠，发现并采集了古生代的鱼类化石，中生代的基干主龙型类、恐龙、翼龙和兽孔类化石，以及新生代的哺乳动物化石，取得了丰硕的成果。

1964 年新疆科学考察队合影

后排左一：队长刘宪亭；后排左二：副队长孙艾玲

1964 年“九龙壁”发掘现场

孙艾玲（前排左二）向中国科学院古脊椎动物与古人类研究所党委书记吴依（前排左一）介绍“九龙壁”化石

这次科考中发现的二叠纪、三叠纪四足动物化石仍以二齿兽类和基干主龙型类为主。二齿兽类包括晚二叠世的吉木萨尔兽和吐鲁番兽，早三叠世的水龙兽和中三叠世的西域肯氏兽；基干主龙型类包括中三叠统的武氏鳄（见 44 页）和吐鲁番鳄。其中最为振奋人心的是“九龙壁”化石的发现。在阜康中三叠统克拉玛依组中发现并挖掘出了长 7 米、宽 2 米的巨型岩块，上面保存有 9 个短吻西域肯氏兽的骨架（见 68 页）。

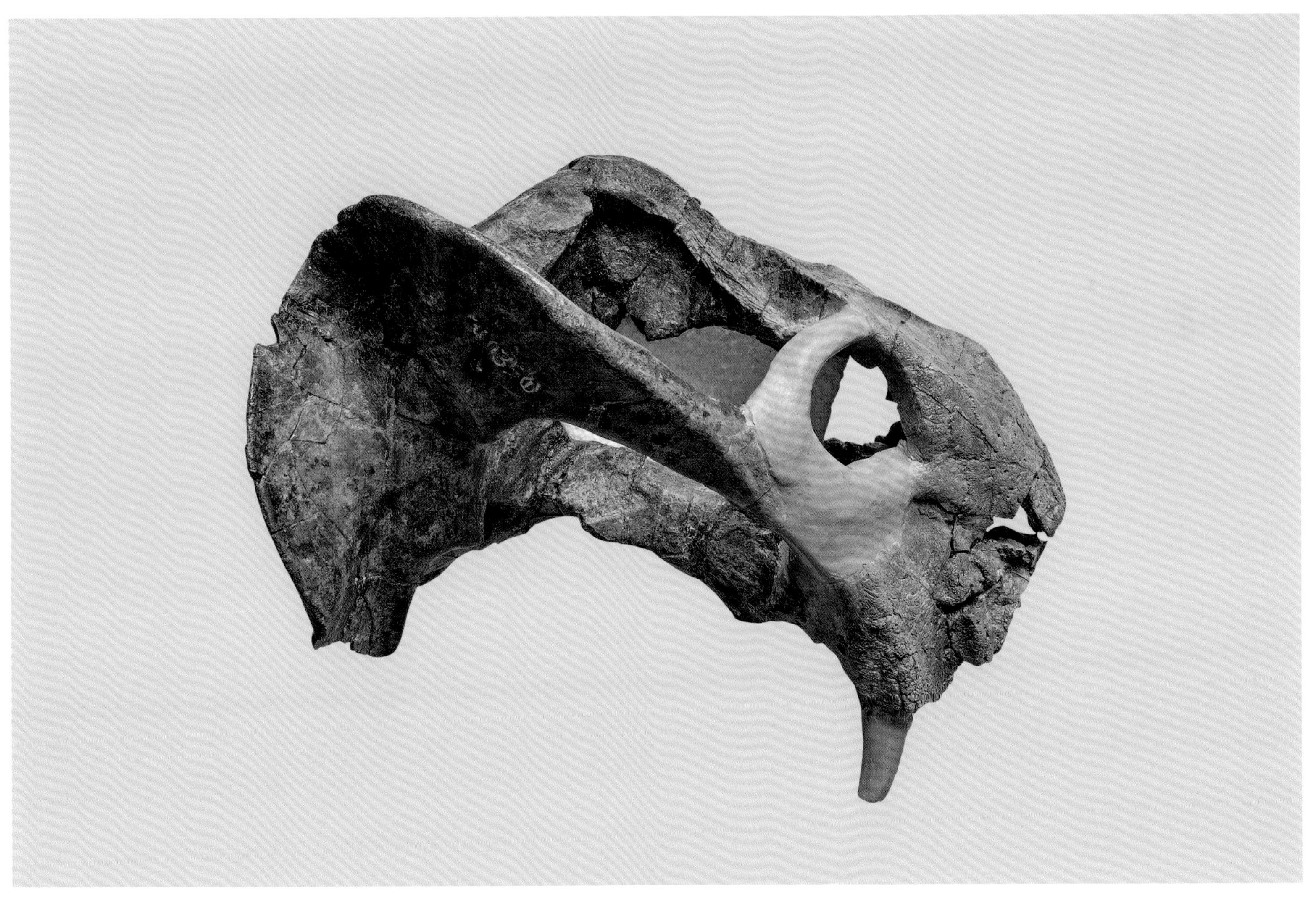

博格达吐鲁番兽（*Turfanodon bogdaensis*）
采自吐鲁番盆地桃树园沟的头骨

3. 改革开放时期的再度辉煌

20 世纪 70 年代后期，伴随着改革开放的号角，中国科学迎来了又一个春天。有更多的青年古生物工作者和机构参与到二叠纪、三叠纪四足类的研究工作中，打破了中国科学院古脊椎动物与古人类研究所在这一领域一枝独秀的局面。新的化石点不断被发现，它们不仅在新疆和山西的传统产地，还发现于内蒙古的准格尔旗和包头，甘肃的玉门和肃南，陕西的府谷、神木和吴堡，以及山西的兴县和柳林等地。其中最为重要的是甘肃玉门大山口化石点的发现。1981 年，地质矿产部地质研究所的程政武先生在参加北祁连地区二叠纪、三叠纪地层考察时，在中二叠统的青头山组[①]中找到了四足动物的化石。1991 年，中国地质科学院地质研究所与中国科学院古脊椎动物与古人类研究所开始对大山口化石点进行合作研究。经过多次的野外发掘，采集到大量的珍贵化石，确立了这一中国最原始的四足类动物群，完善了中国二叠纪、三叠纪含化石地层剖面。

“化石猎人”程政武先生行进在寻找化石的山路上，虽年逾花甲，但仍健步如飞

近年来，由刘俊带领的团队在先辈开创的道路上继续前行，在二叠纪、三叠纪四足类的研究领域辛勤耕耘。他们系统地研究了内蒙古大青山晚二叠世和华北中三叠世的地层和所含各门类化石，有了许多新的发现，如大青山脑包沟组中的兽头类王氏石拐兽（*Shiguaignathus wangi*）和贾

① 曾用名：上二叠统西大沟组。

氏九峰兽（*Jiufengia jiai*），以及新疆吉木萨尔锅底坑组的兽头类付氏大龙口兽（*Dalongkoua fuae*）等。特别重要的是他们记述了中国第一个阔齿龙型类——穿孔水库龙（*Alveusdectes fenestralis*）。阔齿龙型类属爬行型类，是羊膜类的近亲。它的化石曾发现于德国和北美的石炭系和下二叠统。穿孔水库龙化石采自河南济源上二叠统上石盒子组顶部，其时代比欧美的同类动物晚了大约 1600 万年。这一发现为该类群的研究提供了新的重要资料。

在陕西府谷野外工作

在新疆吉木萨尔发掘化石